获 教育部、财政部煤及煤层气工程特色专业建设项目 联合资助
中国地质大学(武汉)资源学院教材出版基金

煤深加工与综合利用

MEI SHENJIAGONG YU ZONGHE LIYONG

田智威 主编

图书在版编目(CIP)数据

煤深加工与综合利用/田智威编著. —武汉:中国地质大学出版社,2017.2
ISBN 978-7-5625-3829-5

Ⅰ.①煤…
Ⅱ.①田…
Ⅲ.①煤炭-化学加工-教材
Ⅳ.①TQ536

中国版本图书馆 CIP 数据核字(2016)第 131794 号

煤深加工与综合利用			田智威　编著
责任编辑:陈　琪	选题策划:毕克成		责任校对:张咏梅
出版发行:中国地质大学出版社(武汉市洪山区鲁磨路388号)			邮政编码:430074
电　　话:(027)67883511	传　　真:67883580		E-mail:cbb @ cug.edu.cn
经　　销:全国新华书店			http://cugp.cug.edu.cn
开本:787毫米×1 092毫米 1/16		字数:230千字	印张:9
版次:2017年2月第1版		印次:2017年2月第1次印刷	
印刷:武汉教文印刷厂		印数:1—500册	
ISBN 978-7-5625-3829-5			定价:35.00元

如有印装质量问题请与印刷厂联系调换

目 录

第一章 绪 论 (1)
第一节 我国煤炭资源及煤质特性 (1)
第二节 煤炭利用引发的环境问题与洁净煤技术 (4)

第二章 煤炭洗选 (8)
第一节 煤炭洗选的概念、分类及作用 (8)
第二节 物理选煤——跳汰法和重介质选煤 (10)
第三节 物理化学选煤——浮选 (26)

第三章 动力配煤 (40)
第一节 动力配煤的概念及其意义 (40)
第二节 动力配煤的基本原理 (40)
第三节 配煤方案的优化 (43)
第四节 配煤炼焦 (45)

第四章 型 煤 (49)
第一节 型煤概述 (49)
第二节 粉煤成型过程分析 (53)
第三节 型煤黏结剂 (55)
第四节 型煤生产工艺 (61)
第五节 型煤生产设备 (73)
第六节 型煤的应用 (81)

第五章 水煤浆 (88)
第一节 水煤浆概述 (88)
第二节 水煤浆的制备 (91)
第三节 水煤浆的储运 (96)
第四节 水煤浆的燃烧及应用前景 (98)

第六章 煤的气化 (101)
第一节 煤气化的概述 (101)
第二节 煤气化的原理及流程 (103)
第三节 煤气化的工艺及设备 (108)
第四节 煤的地下气化 (114)

第七章　煤的液化 ·· (118)
　　第一节　煤炭液化概述 ·· (118)
　　第二节　煤的直接液化 ·· (120)
　　第三节　煤的间接液化 ·· (132)
主要参考文献 ·· (137)

第一章 绪 论

第一节 我国煤炭资源及煤质特性

一、我国煤炭资源分布

在我国的能源消费结构中,煤炭占据了绝对的优势地位,可开采总储量居世界第 3 位。我国煤炭资源有如下特点。

1. 煤炭资源总量大,但地区分布不均

从煤炭资源的地理分布上来看,全国各地区均有煤炭资源分布,煤炭保有总储量达 1 万亿 t 以上(表 1-1),但绝大部分分布在北方地区,其中以华北和西北的储量最大,分别占全国煤炭总储量的 50% 和 30% 左右,且主要集中于山西、陕西、内蒙古和新疆 4 个省(自治区),大约占到总量的 3/4 以上。而我国经济发达的东南部地区煤炭资源极其贫乏,大量的煤炭需要长距离的北煤南运、西煤东运。

表 1-1　我国煤炭保有储量(至 1996 年底)(据刘鹏飞,2004)

大区名称	华北	西北	东北	华东	中南	西南	合计
储量(亿 t)	5000.27	3025.60	306.21	537.69	291.49	863.26	10 024.52
百分比(%)	50	30	3	5	3	9	100

2. 煤种齐全,但不均衡

我国煤炭种类齐全,从低变质的褐煤到高变质的无烟煤均有赋存,其中烟煤最多,占总储量的 75%,褐煤占 13%,无烟煤占 12%。从资源利用的角度来看,以动力用煤为主要的利用方式,而炼焦用煤仅占到 20%~25%。

3. 煤质总体较好,但优质环保型较少

我国煤炭的总体质量比较好,有 90% 以上的煤属于中高热值煤(按空干基的高位发热量 $Q_{gr,ad}$ 分级),低硫煤(含硫量在 1.0% 以下)居多,占 60% 以上,且中高和高灰分煤的比例仅为 1.8%。

但是需要指出的是,我国低灰且低硫的优质煤资源较少,因此在煤炭应用前必须注重洗选与加工和脱硫技术的推广应用。煤炭资源中硫和灰分的分布比例如表 1-2、表 1-3 所示。

表1-2 煤炭资源中全硫的分布比例　　　　　　　　　　（单位：%）

煤种	特低硫 <0.5	低硫 0.5~1.0	中低硫 1.0~1.5	中硫 1.5~2.0	中高硫 2.0~3.0	高硫 >3.0	平均硫分
全国	48.6	14.85	9.3	5.91	7.86	8.54	1.01
动力煤	39.35	16.46	16.68	9.49	7.65	7.05	1.15
炼焦煤	55.16	13.71	4.18	3.26	8.05	9.62	1.03

表1-3 煤炭资源中灰分的分布比例　　　　　　　　　　（单位：%）

煤种	特低、低灰 <10	低中灰 10~20	中灰 20~30	中高、高灰 >30
全国	21.6	43.9	32.7	1.8

二、煤的分类、煤质特征及用途

新中国成立以来,最早全国统一的煤分类(以炼焦用煤为主)方案是在煤炭科学研究总院北京煤化学研究所、中国科学院原大连煤炭研究室和北京钢铁研究总院等单位大量试验研究的基础上于1956年提出的,该分类方案于1958年4月经国家技术委员会推荐在全国试行。在近30年的试用过程中,无论对于指导我国国民经济各部门正确而合理地使用我国的煤炭资源,还是在煤田地质勘探工作中正确地划分煤炭类别、合理地计算煤田的储量等方面都起到了积极的作用。但是该分类也存在一些明显的缺点和不足,于是自1986年10月起,新的煤炭分类国家标准(GB 5751—86)开始执行。

按煤的煤化程度,将所有煤分为褐煤、烟煤和无烟煤三大类(刘鹏飞,2004;吕一波等,2007;赵跃民,2004;吴占松等,2007)。对于褐煤和无烟煤,分别按其煤化程度和工业利用的特点分为两小类(HM1和HM2)和三小类(WY1、WY2和WY3);而对于烟煤,按挥发分的高低和黏结性的强弱依次可分为贫煤、贫瘦煤、瘦煤、焦煤、肥煤、1/3焦煤、气肥煤、气煤、1/2中黏煤、弱黏煤、不黏煤和长焰煤共12个子类。下面分别介绍各类煤的基本特性及其主要用途。

1. 无烟煤

无烟煤挥发分低,固定碳高,密度大(相对密度最高可达1.9),燃点高,燃烧时不冒烟。无烟煤主要供民用和用作制造合成氨的原料;低灰、低硫且可磨性好的无烟煤不仅可以作高炉喷吹和烧结铁矿石用的燃料,而且还可制造各种碳素材料;某些优质无烟煤可制成航空用型煤及用于飞机发动机保温。

2. 烟煤

(1)贫煤是变质程度最高的一种烟煤,不黏结或微弱黏结,在层状炼焦炉中不结焦,燃烧时火焰短,耐烧,一般主要用作发电燃料,也可供民用和作为工业锅炉中的掺烧煤。

(2)贫瘦煤的黏结性较弱,高变质、低挥发分,结焦性比典型瘦煤差,单独炼焦时,生成的粉焦甚多；如在配煤炼焦中配入一定的比例，也能起到瘦煤的瘦化作用。

(3) 瘦煤是低挥发分、中等黏结性的炼焦用煤，在焦化过程中能产生相当数量的胶质体。单独炼焦时，能得到块度大、裂纹少、抗碎强度较高的焦炭，但这种焦炭的耐磨强度稍差，作为配煤炼焦使用，效果较好。

(4) 焦煤具中低挥发分、黏结性较强，加热时能产生热稳定性很高的胶质体。单独炼焦时，能获得块度大、裂纹少、抗碎强度高、耐磨度也很高的焦炭。但单独炼焦时，膨胀压力大，易产生推焦困难，一般作为配煤炼焦效果较好。

(5) 肥煤具有中等及中高挥发分，黏结性强，加热后能产生大量的胶质体。单独炼焦时，能生成熔融性好、强度高的焦炭，耐磨强度比焦煤炼出的焦炭还好，是配煤炼焦中的基础煤。但单煤炼焦时，焦炭有较多的横裂纹，焦根部分常有蜂焦。

(6) 1/3 焦煤是中挥发分的强黏结性煤，它是介于焦煤、肥煤和气煤之间的过渡煤，在单煤炼焦时能生成熔融性良好、强度较高的焦炭。在炼焦时，其配入量可在较宽范围内波动，从而获得强度较高的焦炭。它也是良好的配煤炼焦中的基础煤。

(7) 气肥煤是一种挥发分和胶质层厚度都很高的强黏结性肥煤，其炼焦性介于肥煤和气煤之间，单独炼焦时能产生大量的气体和液体化学产品，最适于高温干馏制造煤气。

(8) 气煤是一种变质程度较低的炼焦煤，加热时能产生较高的挥发分和较多的焦油。胶质体的热稳定性低于肥煤，也可以单独结焦，但焦炭的抗碎强度和耐磨强度均较其他炼焦煤差，焦炭多呈细长条而较易碎，并且有较多的纵裂纹。在配煤炼焦时多配入气煤可以增加产气率和化学产品回收率。

(9) 1/2 中粘煤具有中等黏结性和中高挥发分。在单煤炼焦时能结成一定强度的焦炭，可作为配煤炼焦的原料。部分黏结性较弱的中粘煤可作为气化用煤或动力用煤。

(10) 弱粘煤的黏结性较弱，变质程度从低变质到中等变质。加热时产生的胶质体较少，炼焦时有的能结成强度很差的小块焦，只有少部分能凝结成碎屑焦，粉焦率很高。因此多适于作气化原料煤和电厂、机车及工业锅炉窑炉的燃料。

(11) 不粘煤多在成煤初期受到相当程度氧化作用，其变质程度较低，加热时基本上不产生胶质体。该煤水分大，含氧量较高，主要可作为气化和发电用煤。

(12) 长焰煤是变质程度最低的烟煤，从无黏结性到弱黏结性均有，储存时易风化碎裂。煤化程度较高者加热时能产生一定数量的胶质体，也能结成细小的长条形焦炭，但焦炭强度甚差，粉焦率甚高。因此，长焰煤一般作为气化、发电和机车等燃料。

上述 12 类烟煤中，从贫瘦煤到 1/2 中粘煤均为配煤炼焦用煤，其中，肥煤和 1/3 焦煤由于具有良好的结焦性和黏结性，为炼焦的基础煤；而从弱粘煤到长焰煤以及贫煤，由于其黏结性较弱，更适合于气化和燃煤电站发电使用。

3. 褐煤

褐煤的特点是水分大，密度较小，不黏结，含有不同数量的腐植酸。含氧量高（常达 15%～30%），化学反应性强，热稳定性差，块煤加热时破碎严重，存放在空气中易风化变质，碎裂成小块甚至粉末状。发热量低，煤灰熔融温度较低，煤灰中常含较多的 CaO。褐煤多用作发电燃料，也可用作气化、液化的原料以及锅炉燃料。

第二节 煤炭利用引发的环境问题与洁净煤技术

一、煤炭利用引发的环境问题

我国每年煤炭的消耗量达十几亿吨,主要的利用途径是通过燃烧产生热能,直接用于供热(民用或工业)或通过发电转化为电能。此外就是通过转化(气化或液化)制成气体或液体燃料再用于直接燃烧或发电。在上述煤炭使用的过程中会产生各种各样的污染物,直接影响着人类的健康和生态环境,而我国煤炭在一次能源消费结构中所占的比例高达60%以上,由煤炭开发与利用造成的环境问题就更为突出(姚强等,2005;刘鹏飞,2004)。

(一)二氧化硫污染与酸雨

我国90%以上的SO_2的排放量来源于煤的燃烧,在1995年总量最高达到了2370万t,虽然近年来采取了一系列措施,但是全国每年的排放量仍然维持在2000万t左右,并且由于煤耗需求的不断增加,其排放量还有增长的趋势。

SO_2的大量排放直接导致了我国城市空气污染十分严重,有超过60%的城市SO_2年平均浓度超过国家空气质量二级标准,尤其是在大城市和特大型城市中,空气质量达标的比例远低于中小城市。SO_2的排放还导致了我国酸雨污染的迅速蔓延。在20世纪80年代,我国酸雨主要集中于重庆、贵阳和柳州为代表的西南地区,而到了90年代中期,酸雨面积已发展到了长江以南、青藏高原以及四川盆地的广大地区,以长沙、南昌和怀化为代表的华中酸雨区已成为全国酸雨污染最严重的地区。酸雨对于生态系统(水生、农业、森林)及人体健康均有危害,并且会造成相当大的经济损失。

(二)氮氧化物与光化学烟雾污染

我国氮氧化物污染主要来源于矿石燃料的燃烧,NO_x是一氧化氮(NO)、二氧化氮(NO_2)及其他氮和氧化合物的总称。按其产生的机理可分为3种:燃料型NO_x、瞬时型NO_x和热力型NO_x。燃料型NO_x在煤炭的燃烧中占主要部分,煤中平均含氮量1%~2%,燃烧后大部分转化为NO_x,而其中NO占到90%以上,NO排放到空气中被氧化成NO_2,其毒性将增大为NO的4~5倍。热力型NO_x只有当燃烧温度超过1200℃时才会形成,在燃煤中占的比例不大,主要来源于石油和天然气这类燃烧温度高的燃料。瞬时型NO_x是通过复杂的化学反应形成的,而且必须有不饱和碳氢键存在,因此在煤燃烧中也比较少。

NO_x经紫外线照射并与空气中的碳氢化合物接触,阳光下NO_x和挥发性有机化合物之间发生光化学反应,产生臭氧类的氧化剂,同时还生成极细的微粒,即造成一种浅蓝色的有毒烟雾——光化学烟雾。光化学烟雾的产生和发展极为迅速,并可以在夏季白天迅速造成局部地区的严重污染,对森林和人体造成严重的危害。在美国的洛杉矶曾经多次出现光化学烟雾污染;在我国目前虽然该类污染尚不严重,但是在北京、上海等大城市已经具备了形成光化学烟雾污染的条件,必须采取相应的控制措施。

(三)二氧化碳与全球气候变暖

随着人们发现 CO_2 是导致全球气候变暖最主要的温室效应气体,燃煤过程中 CO_2 排放的控制技术越来越引起人们的注意。首先需要说明的是,温室效应是地球上生命赖以生存的必要条件。如果不存在温室效应,地球表面的温度大约会在 $-18℃$,而地表的实际年平均温度为 $15℃$。目前人们议论的"温室效应"实际上是指温室效应增强和加剧后引起地球地表升温的环境问题。

据国际能源机构公布的数据,1995 年全球 CO_2 总排放量为 220 亿 t,其中,我国排放量为 30 亿 t,居世界第二位,如果不加以控制,预计到 2020 年我国 CO_2 排放量将升至世界首位。同时,气象观测资料显示,在过去的 100 年内,因大气层温室气体深度的增长,地球表面温度平均上升 $0.3\sim0.6℃$,海平面升高 $10\sim20cm$。政府间气候变化研究组织(IPCC)指出,如果矿物燃料的使用继续稳定增加,那么到 2050 年全球年平均温度将达到 $16\sim19℃$,超过以往的变暖速度而加速全球的变暖。

工业革命以来的 200 多年间,大气中 CO_2 等温室气体浓度增加了 25%,这主要是发达国家造成的。发达国家仅占世界人口的 25% 左右,但它们的能源消费量占全球总消费量的 75% 左右,其排放的 CO_2 也占世界总排放量的 75%。美国人口虽然只占全球人口的 5%,却在消耗着全球 30% 以上的能源。因此,发达国家应当限制能源的消费和温室气体的排放。

CO_2 引起的温室效应加剧是超越国界的全球性的环境问题,因此对于 CO_2 排放的控制和全球气候变暖的防治,必须要求国际社会联合行动。目前来看,控制温室气体剧增的基本对策是控制人口,调整现在的能源结构战略,加强保护森林植被等。

(四)可吸入颗粒物污染

颗粒物是影响我国城市空气质量的主要污染物,有超过半数的城市颗粒物超过国家空气质量二级标准,其中北方城市颗粒物污染更为严重。大气中对人体健康危害最大的是可吸入颗粒物,它已成为大气污染的突出问题受到了世界各国的高度重视。大气中的 SO_2、NO_x 及 CO 等污染物的含量与人类死亡率并没有直接紧密的联系,而可吸入颗粒物则是导致癌症发病率和死亡率升高的主要原因。

可吸入颗粒物是指可以通过鼻和嘴进入人体呼吸道的颗粒物的总称(用 PM 10 表示,即空气动力学直径小于 $10\mu m$ 的颗粒),而更细的 PM 2.5 又称为可入肺颗粒物,能够进入人体肺泡甚至血液中,直接导致心血管疾病等。总体来说,可吸入颗粒物的危害主要表现在"三致":致癌、致畸形和致突变,主要原因在于可吸入颗粒物常常富集各种重金属元素和有机污染物,其危害极大,多为致癌和基因毒性诱变物质。

同时,可吸入颗粒物也是导致空气能见度降低、酸雨、臭氧层破坏及全球气候变暖等环境问题的重要因素。其在大气中停留的时间可达数周,且可长距离传输,从而造成更远距离、更大范围的污染。

目前各国的烟尘控制技术均已达到了很高的水平,以燃煤电站为例,虽然现有的除尘装置除尘效率可高达 99% 以上,但对于 PM 10 以下的可吸入颗粒物的捕获率却很低,特别是对于粒径小于 $2.5\mu m$ 甚至亚微米级的超细颗粒物。若以颗粒的数量计,可达到排灰总数的 90% 以上,正因如此,大气中总悬浮颗粒物呈逐年下降、烟尘排放总量也有下降的趋势,但是 PM 10 和

PM 2.5的排放量却呈明显的上升趋势。

(五)其他污染物

1. 痕量重金属元素污染

由于煤中含有元素周期表中几乎所有的元素,有相当的重金属元素虽然数量很少,如汞、砷、硒、铅、镉、铬等,但其毒性非常大。这些元素在燃烧过程中大多数都随粉尘排入大气,对生态环境的破坏和人类健康的危害产生巨大的影响。

2. 有机污染物

煤中的碳氢化合物燃烧过程中分解不彻底会形成相当浓度的有机污染物:多环芳烃类(PAHs)、二噁英类(PCDD/Fs)、苯系物、脂环烃及直链烃等。虽然其排放量较 SO_2 和 NO_x 少很多,但是由于其毒性大(强烈的致癌和致畸形特性),且在环境中降解缓慢,已经越来越受到广泛的重视。

对于痕量重金属和有机物污染的产生机理与控制方法研究是目前国际上的一个研究热点和重要发展方向。

二、洁净煤技术

洁净煤技术(Clean Coal Technology,简称CCT)源于美国,是指煤炭开发利用全过程中,减少污染排放与提高利用效率的加工、转化、燃烧及污染控制等高新技术的总称(姚强等,2005;郑楚光,1996;陈文敏,1997;俞珠峰,2004)。当前,洁净煤技术已经成为世界各国解决环境问题的主导技术之一,也是高技术国际竞争的一个重要领域。

洁净煤技术按其生产和利用的过程可分为 3 类(姚强等,2005)。

第一类是在燃烧前的煤炭加工和转化技术。煤炭加工是指在原煤投入使用之前,以物理方法为主对其进行加工,是合理用煤的前提和减少燃煤污染最经济的途径,主要包括煤炭的洗选、配煤、型煤和水煤浆技术。煤炭转化则是以化学方法为主,将煤炭转化为清洁燃料或化工产品,以气化为先导,以碳-化工为重点,走燃料化工和煤深加工的技术路线,主要包括煤的气化和液化技术。

第二类是煤炭燃烧过程中的技术,即洁净煤发电技术,是洁净煤技术的核心。包括低 NO_x 燃烧技术、循环流化床燃烧、增压流化床燃烧、整体煤气化联合循环(IGCC)、超超临界发电以及未来的与燃料电池结合的联合循环系统。

第三类是燃烧后的污染物排放控制与废弃物处理技术。烟气净化是清除煤炭燃烧产生的烟气中的有害物质,有烟气的脱硫(重要内容)、脱硝技术,颗粒物控制和痕量重金属控制技术(研究热点)。废弃物的处理主要包括对煤炭开采和利用中产生的煤矸石、煤层气、煤泥、矿井水以及燃煤电站产生的粉煤灰等进行处理。这些污染物如不加以处理利用,大量地排放既污染环境,又造成资源的浪费。同时,以 CO_2 的分离、回收和埋存为核心的近零排放燃煤技术也逐步成为洁净煤技术发展的主要方向。

我国煤炭消费量大、入选比重低、利用效率低、单位能耗产生的污染大,决定了开发和应用洁净煤技术的紧迫性,而同时,煤炭消费呈多元化格局(发电约占32%,冶金占8%,其他工业约40%,民用约20%),因此我国发展洁净煤技术必须突出以下 3 个特点(刘鹏飞,2004)。

(1)发展是前提,应注重经济与环境的协调和可持续发展,重点放在社会效益、环境效益与经济效益明显的实用、可靠的先进技术。

(2)发展洁净煤技术应该覆盖煤炭开发与利用的全过程。

(3)针对多终端用户,重点是电厂、工业窑炉和民用3个领域,并把矿区环境污染治理放在重要的位置。

煤炭一向被称为"肮脏"的能源,是造成大气污染、制造固态废弃物和影响全球气候变化的重要因素。我国洁净煤技术是以煤炭洗选为源头,以煤炭气化为先导,以煤炭高效、洁净燃烧与发电为核心,以煤炭转化和污染控制为重要内容的技术体系,发展洁净煤技术将使煤炭成为高效、清洁、安全、可靠的能源。

第二章 煤炭洗选

第一节 煤炭洗选的概念、分类及作用

煤炭洗选又称选煤,是利用煤和杂质(矸石)的物理、化学性质的差异,通过物理、化学或微生物分选的方法使煤和杂质有效地分离,并加工成质量均匀、用途不同的煤炭产品。

一、选煤方法的分类

按选煤方法的不同,主要可以分为如下四大类(俞珠峰,2004;吴式瑜,2003)。

1. 物理选煤

物理选煤是根据煤炭和杂质的物理性质(如粒度、密度、硬度、磁性及电性等)的差异进行分选,主要的物理分选方法有:①重力选煤,包括跳汰法、重介质选煤、斜槽选煤、摇床选煤、风力选煤等;②电磁选煤,利用其电磁性能的差异进行分选的方法(该方法在实际生产中没有应用)。

2. 物理化学选煤

物理化学选煤的代表方法是浮游选煤(简称浮选),是根据矿物表面物理化学性质的差异进行分选。目前使用的浮选设备很多,主要包括机械搅拌式和无机械搅拌式两种。

3. 化学选煤

化学选煤是借助化学反应使煤中有用成分富集,除去杂质和有害成分的工艺过程。根据常用的化学药剂的种类和反应原理的不同,可分为碱处理、氧化法、溶剂萃取法和热解法。

4. 微生物选煤

微生物选煤是用某些自养性和异养性微生物,直接或间接地利用其代谢产物从煤中溶浸硫,以达到脱硫的目的。

在我国工业化生产中广泛采用的3种选煤方法是跳汰法(占56%)、重介质选煤(占26%)和浮选法(占14%),这些方法可以有效地脱除煤中矿物杂质和无机硫(黄铁矿硫)。而化学选煤和微生物选煤不仅对煤中无机硫的脱除率可达95%,还可脱除煤中的有机硫(脱除率可达40%以上)。目前,后两类选煤方法尚处在实验研究阶段,还需要进行大量的研究工作。最新研究表明,随着环保减排要求的日益严格,这两种选煤方法的竞争力将不断增强,期待在不久的将来得到工业化的应用。

二、煤炭洗选的作用、意义

(1) 提高煤炭质量,减少燃煤污染物排放。煤炭洗选可以脱除原煤中 50%～60% 的灰分、30%～40% 的全硫(60%～80% 的无机硫),燃用洗选煤可有效减少烟尘、SO_2 和 NO_x 的排放,按全国原煤的平均质量计算,入选 1 亿 t 动力煤可减排 60～70 万 t SO_2,去除煤矸石 1600 万 t。

(2) 提高煤炭利用率,节约能源。煤炭质量提高,将显著提高煤炭利用效率。研究表明,炼焦煤的灰分降低 1%,炼铁的焦炭消耗量可降低 2.66%,炼铁高炉的利用系数可提高 3.99%;合成氨生产使用洗选的无烟煤可以节省煤耗 20%;发电用煤灰分每降低 1%,每度电的标准煤耗下降 2～5g,发热量增加 200～500J/g;工业锅炉燃用洗选煤,热效率可提高 3%～8%。

(3) 优化产品结构,提高产品竞争力。发展煤炭洗选有利于煤炭产品由单结构、低质量向多品种、高质量转变,实现产品的优质化。我国煤炭的消费用户多,对煤炭质量和品种的要求不断提高,有的大城市要求煤炭的硫分小于 0.5%,灰分小于 10%,而全国生产的原煤中可达到此质量要求的煤炭比例非常低,若不发展煤炭洗选技术便无法满足市场要求。

(4) 减少运输浪费。由于我国的产煤区多远离用煤量大的经济发达地区,煤炭的运量大、运输距离远,平均煤炭的运输距离约为 600km,铁路运煤量占到铁路运力的 70% 左右。煤炭经过洗选加工,可除去大量杂质,每入洗 1 亿 t 原煤,可节省 96 亿 t·km 的运力。

三、煤炭洗选存在的问题

我国煤炭洗选技术经过 50 年的发展,已经取得了巨大的成就,但是同时也存在如下一些主要问题(俞珠峰,2004)。

(1) 原煤入选比例低,动力煤入选率更低。

(2) 选煤厂厂型小,生产工效低。全国选煤厂年平均生产能力为 31 万 t(远低于美国的 340 万 t 的平均生产能力,仅为其 9% 左右),国有重点煤矿也仅为 150 万 t,而乡镇煤矿则只有 7 万 t。另外,由于自动化程度较低,设备的可靠性不高,造成了平均工效低(为国外的 10%～15%)。

(3) 大型设备及自动化检测仪表的可靠性有待提高。受整体工业水平的限制,大型选煤设备可靠性只有 70%,自动化程度只有 20%,严重地制约了选煤工业的发展。

(4) 干法和节水型选煤技术有待进一步完善。适用于干旱缺水地区和低变质煤洗选的干法及节水型分选技术有待开发和完善,尤其是空气重介质流化床干法选煤技术。

(5) 生产能力闲置严重。由于选煤厂规划布局、建设缺乏综合考虑和选煤产品缺乏市场等方面的原因,我国选煤厂生产能力严重闲置,尤其是动力煤选煤厂的利用率更低。

(6) 选煤工艺落后。现有选煤厂中不少技术水平落后,精煤损失大、产品灰分高、分选效果差,不能根据用户要求及时调整产品质量,先进高效的重介质选煤工艺仅占 26%。

(7) 政策及执行力度不够,排污收费标准和污染治理成本相差太远。尽管国家于 2003 年将 SO_2 排放收费的范围由两控区扩大到全国,到 2005 年又提高了排放费用征收的标准,但是排放费用加上超标罚款仍然大大低于采用减排技术需要增加的投入和运行成本。另外,部分地方政府部门执法不严,不能对所有用户按排放总量征收排污费用,不利于动力洗选煤的推广应用。

(8) 用煤观念落后。通常的观念认为,要保证钢铁的质量,必须洗选炼焦煤,但动力用煤洗与不洗都一样能用。在动力用煤消费中,已普遍习惯了直接用原煤,对使用优质动力煤带来的效率提高、设备寿命的延长、环境效益的改善等缺乏正确的认识。

表 2-1 为中国煤炭洗选与美国的对比。

表 2-1 2002 年中国煤炭洗选与美国的对比(据俞珠峰,2004) （单位:%）

国家	原煤入洗率			商品煤的灰分	
	平均	国有重点煤矿	动力煤	炼焦精煤	动力煤
中国	33.7	43	<15	9.71	22.43
美国	55			7	17

第二节　物理选煤——跳汰法和重介质选煤

一、跳汰法选煤

在垂直脉动的介质中按颗粒密度差别进行选煤的过程叫跳汰选煤。跳汰法的基本原理是：在脉动的介质中，由于介质周期性的上下运动，交替的膨胀和收缩，导致煤粒按密度由顶至底逐渐增加的顺序进行分层，从而达到分选的目的。跳汰选煤工艺流程简单、设备操作维修方便、处理能力大且有足够的分选精度，同时煤种的适应性较强，除极难选的煤外均可优先考虑跳汰法处理，因此该方法在煤炭洗选中占有十分重要的地位(吴式瑜,2003)。

跳汰所使用的分选介质可以是水，也可以是空气。以水为分选介质的称为水介质（或水力）跳汰；若以空气为分选介质则称为风力跳汰。从基本原理来看，风力跳汰与水力跳汰类似，突出的区别是由于空气只能做单向运动，故物料分选只能依靠在间断的上冲气流作用下来完成。从分选的工艺效果来看，风力跳汰也远不如水力跳汰，只能在干旱缺水地区或原料不宜沾水时使用。因此，水力跳汰远远比风力跳汰应用得广泛。

当水流上升时，床层物料被冲起，呈现松散及悬浮的状态。此时，床层中的矿粒按其自身的特性(密度、粒度和形状)彼此做相对运动，开始进行分层。在水流已停止上升，但还没有转为下降水流之前，由于惯性力的作用，矿粒仍在运动，床层继续松散、分层。水流转为下降，床层逐渐紧密，但分层仍在继续。当全部矿粒落回筛面，它们彼此之间已丧失相对运动的可能，则分层作用基本停止。此时，只有那些密度较高、粒度小的矿粒，穿过床层中大块物料的间隙，仍在向下运动，可看成是分层现象的继续。下降水流结束，床层完全紧密，分层便暂告终止。

（一）跳汰周期的特性

水流每完成一次周期性变化所用的时间称为跳汰周期。在一个跳汰周期内，首先，床层经历了从紧密到松散分层再到紧密的过程，颗粒受到了分选作用。通常经过多个跳汰周期之后，分层才逐趋完善。其次，高密度矿粒集中在床层下部，低密度矿粒则聚集在上层。最后，物料从跳汰机分别排放出来，从而获得了两种密度不同，即质量不同的产物。图 2-1 所描绘的就

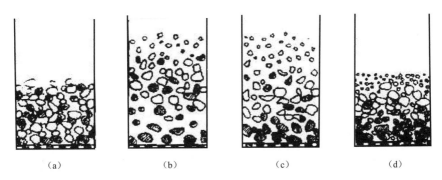

图 2-1　物料在一个跳汰周期中所经历的松散与分层过程
(据吕一波等,2007)
(a)分层前矿粒混杂床层紧密;(b)水流上升床层冲起;(c)床层分层水流上升逐渐终止转而下降;(d)水流下降床层紧密

是物料在一个跳汰周期中所经历的松散与分层过程。

跳汰周期的特性在一定程度上决定了跳汰分层的效果,并间接地体现了跳汰机的主要结构特征。跳汰周期特性曲线反映了水流运动形态,曲线的纵坐标表示水流速度,横坐标表示时间,斜率为水流运动的加速度。跳汰周期特性的基本形式有以下 3 种(吕一波等,2007)。

(1)间断上升介质流[图 2-2(a)]。其脉动水流可通过旋转阀门来实现。

(2)间断下降介质流[图 2-2(b)]。水介质是静止的,筛面在水中做往复上下运动。当筛面向下运动时,床层离开端面,依靠自重在水中松散并进行分层;当筛面向上运动时,筛面与床层接触,并迫使它在水中向上运动,等同于床层受到一股下降水流的作用,床层逐渐紧密。此时,由于筛孔被床层所堵,筛框内的水位高于框外液面,从而在床层中形成一股下降水流。

(3)升降交变介质流[图 2-2(c)]。形成这种运动状态的介质流,可用往复运动的活塞或隔膜(如活塞跳汰机、隔膜跳汰机),也可用压缩空气(如筛侧空气室跳汰机和筛下空气室跳汰机)。跳汰周期特性曲线可以是上下对称的,也可以是不对称的。这种跳汰机分选效果好,选煤基本上都是采用该类跳汰机。

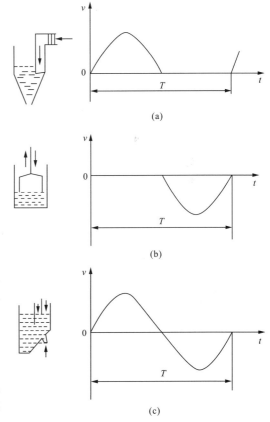

图 2-2　跳汰机内垂直水流的 3 种基本形式
(据吕一波等,2007)
(a)脉动跳汰机只有间断上升水流;(b)动筛跳汰机只有间断下降水流;(c)活塞、隔膜或压缩空气跳汰机所具有的垂直升降交变介质流

(二)跳汰周期的合理选择

在跳汰选煤实际生产过程中,如何合理地确定跳汰周期特性是一个关键的问题,该问题的核心是在跳汰过程中如何突出密度的主导作用,从而获得最佳的分选工艺效果。但是,实现按密度分选的先决条件是床层在水流作用下能呈现良好的松散状态。

为此,首先要分析床层松散过程的机理,其次研究跳汰周期的两个主要参数作用,并考虑与其相关因素的影响,最后合理选择跳汰周期特性。

1. 垂直水流作用下床层松散过程的机理

床层松散是矿粒得以按密度大小进行分层的前提,床层松散度大,分层速度也快;而松散不足、性质不同的颗粒就难以相互易位和分层。故床层的松散状况不仅决定着分层效果的好坏,还决定着分层速度。

由于只有当床层处于松散状况下才有利分层过程的进行,因此,在一个跳汰周期中,应尽快使床层松散,而当床层达到适当松散后便设法维持和延长处于松散状况的时间,减慢床层由松散转为紧密的沉降过程。在床层紧密后应迅速地令水流开始一个新的跳汰周期,不允许在两个跳汰周期之间的停顿时间过长。

分选时床层的松散过程可能出现以下3种状况。

(1)在上升水流作用下,如果床层承受的动压力不足以克服床层在介质中所受的重力,则床层不可能被举起,松散过程始于上层,然后自上而下逐渐扩展,下层松散最晚,而且也最紧密。它发生在上升水流作用时间长且水流加速度小时,松散过程进行缓慢。

(2)在上升水流作用下,由于水流加速度较大,床层所承受的动压力大于床层在介质中的重力时,床层被整个举起而离开筛面。床层的上面和下面均形成了自由空间,于是床层自上而下两头同时扩展进行松散,床层的中间层比较紧密而且松散得也最晚。这种松散过程进展得很快,它发生在上升水流加速度较大作用时间又很短的情况下。但应注意的是,在这种情况下,即使床层被整个托起,为了使床层得到充分松散,不应使水流立即转为下降,应使上升和下降之间有一个缓慢过渡,否则床层将只是上下运动,没有时间松散和分层。

(3)当上升水流速度和加速度过大过猛时,跳汰周期一开始,床层就被举起。于是床层的松散过程是下部首先开始,而上层松散最晚,上层也最紧密,故松散过程进行得缓慢。

上述3种松散状况中,以第二种松散状况为最理想,床层松散快,分选效果也好。

从上述对床层松散状况的描述中可知,具有一定速度和加速度的水流作用于床层,使床层被举起而运动,在床层运动过程中,由于矿粒的密度和粒度各异,致使上升的距离有别:密度大的、粒度粗的物料上升高度就小;密度小的、粒度细的物料上升高度就大,于是使床层呈现松散状态。再有,当水流穿透床层时,由于矿粒的阻挠,产生了大量的涡流,而这些涡流又转变为压力作用于矿粒上,流体动力学称其为涡流撞击压力作用,导致矿粒呈现出不规则的旋转,也促使了床层的松散。因此可以认为,床层松散过程的机理是上升水流产生的动压力与床层内涡流的撞击压力综合作用的结果。

2. 跳汰振幅和跳汰频率

床层的松散与分层和跳汰周期特性关系很密切,跳汰周期特性恰当与否直接关系到床层松散与分层的效果。影响跳汰周期的因素很多(吴式瑜等,2003;周曦,2003):跳汰振幅,跳汰频率,床层的厚薄,物料性质(密度、粒度组成及形状),跳汰机结构,脉动源的类型(活塞、隔膜、压缩空气等),采用压缩空气为脉动源时的风阀特性及风、水制度等,所有影响水流特性的因素也都影响床层的松散与分层。在此仅讨论跳汰振幅及跳汰频率对床层的影响,因其两者是相互关联的。

(1)跳汰振幅。跳汰周期若已定,跳汰频率也是定值,水流运动的振幅 A 体现着水流运动的速度。一般认为上升水流的速度 v 应大于或等于低密度物中最大颗粒的悬浮速度。对于床层而言,跳汰振幅 A 的大小决定着床层松散时的空间条件。若振幅过大,床层有过度松散的可能,致使容积浓度变小,粒度和形状带来的不利影响增加;若振幅过小,床层松散时的空间条件不足,密度不同的矿粒难以相互易位,也不利于按密度分层。振幅的大小应根据实际情况而定,它与物料粒度、密度以及床层厚薄、处理量多少等因素有关。例如,跳汰选煤一般要求振幅 A 应大于被选物料最大块粒度的 $0.5～2$ 倍,被选物料粒度粗、密度高,则水流运动的振幅也应加大。

(2)跳汰频率。垂直交变水流的跳汰频率 n 和振幅 A,综合决定了水流运动的速度 v 和加速度 a。增加振幅 A,水流运动速度 v 增加明显;增高频率 n 则对于水流运动的加速度 a 影响显著。跳汰选煤时,上升水速多在 $0.14～0.22\text{m/s}$ 之间,而水流运动的加速度 a 一般小于重力加速度 g,为 $0.1～0.9g$ 之间。

如何有利于床层的松散与分层,频率和振幅应统一考虑。其基本关系是:振幅大时,频率应低;振幅小时,频率可高。选煤用的跳汰机绝大多数是以压缩空气作为脉动源,当分选宽粒级或不分级煤时,若采用滑动风向,频率在 70 次/分左右;如采用旋转风阀,则频率多在 $38～68$ 次/分范围内。曾有人认为,使跳汰机机械运动频率与水流自然振荡频率(固振频率)一致为最佳选择,即共振条件下,此时频率为 $45～47$ 次/分,但这仅对不分级跳汰选煤适用。在实际生产过程中频率一经确定,日常生产就不再变化。

3. 跳汰周期特性的确定

确定跳汰过程的跳汰周期特性时应建立以下 3 点认识(吕一波等,2007)。
(1)不存在适合任何情况下的最佳万能跳汰周期。
(2)选择跳汰周期时必须充分考虑物料的性质(粒度及密度组成)以及对产品质量的要求。
(3)水流运动特性是跳汰过程中极为重要的因素,但并非唯一的因素,还应该将其他因素综合考虑,才能获得最好的效果。

选择跳汰周期特性时应遵循以下原则。
(1)水流在上升初期,床层被举起的高度决定分选过程中的松散程度,为了保证在整个分选过程中按密度分层得以充分进行,水流必须将床层举到一定高度,该高度值常需试验确定。
(2)上升初期煤粒与水流之间的相对速度较大,对按密度分层不利。因此,应尽可能缩短该阶段所经历的时间,使床层在此期间内保持较小的松散度,即应尽快将整个床层托起。增大水流速度或加速度都可以起到床层被迅速举起的作用,但增大水速不如增大加速度有利。因用大水速的办法床层难以保持较小的松散度,还导致煤粒与水间相对速度的增大。因此,在上升初期以采用短而快的上升水流为宜。
(3)上升初期床层被迅速举起后,为使床层能够很快松散,水流加速度要缓慢地减小,水流变化应该是长而缓的。
(4)上升末期和下降初期床层最为松散,为了使分层进行充分,应延长这段时间,并在这段期间内尽量使煤粒与介质间保持最小的相对运动速度。下降初期对于不分级煤炭的分选,也是吸啜作用的主要阶段,下降初期的水流运动,若过长过缓,导致吸啜作用削弱,所以水流在下降初期长而缓应适当。

(5)下降末期大部分床层已经紧密,分层作用几乎完全停止,所以这段时间以短为佳。但是吸啜作用还没完结,对于不分级煤又是必不可少的分层过程的补充和延续。因此,应根据原煤性质,适当控制吸啜作用的强度及其延续的时间,其目的一方面是确保高密度细颗粒能够充分被吸啜到底层,另一方面是防止低密度细颗粒的精煤损失到矸石中去。

几种典型的跳汰周期特性曲线如图2-3所示。

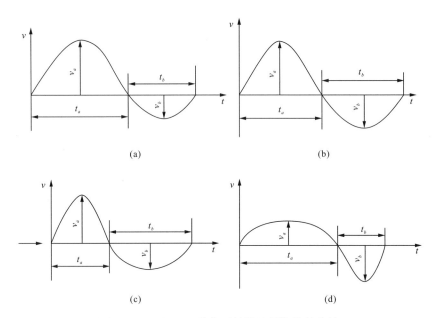

图2-3 工业上几种典型的跳汰周期特性曲线
(据吕一波等,2007)

(a)上升水速大、作用时间长($v_a > v_b$, $t_a > t_b$);(b)上升水速大于下降水速但作用时间相等($v_a > v_b$, $t_a = t_b$);(c)上升水速大但作用时间短的不对称跳汰周期($v_a > v_b$, $t_a < t_b$);
(d)上升水速较缓但作用时间较长的不对称跳汰周期($v_a < v_b$, $t_a > t_b$)

(三)跳汰机

实现跳汰过程的设备为跳汰机。典型的跳汰机由产生和控制周期性上冲-下降运行的机械系统、原煤的输运和送入系统、净煤和废渣的分离与运出系统组成。

按跳汰机中脉动水流的形成方法大致可以分为三大类:一是活塞式,跳汰机活塞室中活塞的往复运动引起水的运动;二是动筛式,将有煤层的跳汰箱在静止的水中上下运动;三是空气脉动式(无活塞式),将机体制成"U"形,通过对"U"形的封闭端压入或放出压缩空气而引起水的往复运动。其中,空气脉动式跳汰机的使用最为广泛,按其空气室的位置不同,又可分为筛侧空气室式(又称鲍姆跳汰机)和筛下空气室式两种。

筛侧空气室跳汰机的基本结构如图2-4所示。纵向隔板将机体分为空气室和跳汰室,两室的下部相通。空气室上部密闭,设有特制风阀,风阀的作用是将压缩空气交替地给入空气室中,同时按一定的规律将空气室中的压缩空气排出室外。当给入压缩空气时,跳汰室中的水被强制上升;待空气室的压缩空气排出时,跳汰室中的水位又自动下降,因此,推动跳汰室水面上下运动形成脉动水流,如改变给入的压缩空气量时,可以调节跳汰机中的水流冲程,改变风阀的运动速度也可调节水流脉动的频率。顶水从空气室下部顶水进水管进入,以改变跳汰机水流运动特性,并在跳汰室中形成水平流,便于运输物料,同时使物料在跳汰室中进行松散和分层。跳汰机中的冲水是从机头与原料煤一起给入。跳汰机中经分层原料煤得到分选后,在第一段(矸石段)和第二段(中煤段)的重产物矸石、中煤,分别经各段末端的排料装置排到各自的排料道,并与透筛的小颗粒重产物一块排到各自的排料口,再经与机体密封的脱水斗子提升机排出,轻产物(精煤)自溢流口排出机体。

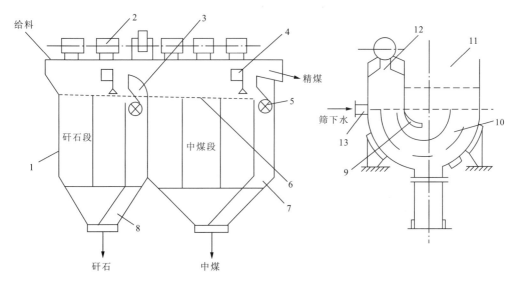

图 2-4 筛侧空气室跳汰机结构
(据吕一波等,2007)

1—机体;2—风阀;3—溢流堰;4—自动排矸装置的浮标传感器;5—排矸轮;6—筛板;7—排中煤道;8—排矸道;9—分隔板;10—脉动水流;11—跳汰室;12—空气室;13—顶水进水管

(四)跳汰选煤的工艺流程

跳汰选煤流程分为分级入选流程和不分级入选流程。由于分级跳汰的准备作业较复杂,并且一般条件下分选效果也没有明显的提高,因此,我国多数采用的是不分级入选流程(周曦,2003;吴式瑜,2003)。

1. 分选炼焦煤的典型流程

图 2-5(a)为原煤混合入选,主选跳汰出精煤和矸石两种最终产品,中间产品(中煤)入跳汰再选。这是跳汰分选炼焦煤的典型流程——主、再选跳汰流程。图 2-5(b)是一种最简单的跳汰流程。原煤混合入选,主选跳汰出 3 种最终产品,有部分中间产品回选,用以分选较容易的原煤。图 2-5(c)为块煤重介和末煤跳汰分级入选,主选中间产品入再选的跳汰分选流

程。用以分选块煤为难选(或极难选)、末煤为中等易选的原煤。图 2-5(d)为原煤混合入选,设有主、再、三选的跳汰流程,用以分选原煤性质为难选的炼焦煤。图 2-5(e)为跳汰分级入选流程,块煤和末煤可选性为中等易选。该流程适用于当块、末煤按同一密度进行分选时,块、末煤同一密度点的灰分相差较大的情况。根据最高产率原则阐明:从两种或两种以上的原料煤中选出一定质量的综合精煤时,必须按各部分精煤分界灰分相等的条件,确定出各种煤的分选密度,才能使综合精煤产率最高。

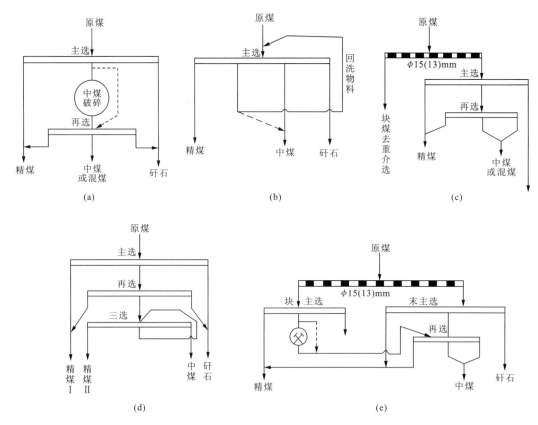

图 2-5 分选炼焦煤的典型跳汰流程
(据周曦,2003)

2. 分选动力煤和无烟煤的典型流程

图 2-6(a)的流程为主选机只出两种最终产品,中间产物回选,适用于分选中间密度的物料较少的原煤。图 2-6(b)的流程也主选出两种最终产品,但与图 2-6(a)不同的是中间产品和重产物混合出选混煤,适用于选高密度含量少、灰分又较低的原料煤。

图 2-6(c)和图 2-6(d)是生产多品种的主、再选联合流程,均较为复杂。图 2-6(c)为主选矸石大排放、矸石再选流程。图 2-6(d)为主选排纯矸、中间产品再选流程。

我国大部分炼焦煤选煤厂都设有主、再选跳汰流程,随煤质变化调整流程很方便,也有利于根据产品用户要求,生产高质量多品种产品,区别供应,满足社会与节能的要求。而在动力煤选煤厂中,跳汰流程较为简单,流程变化较小。

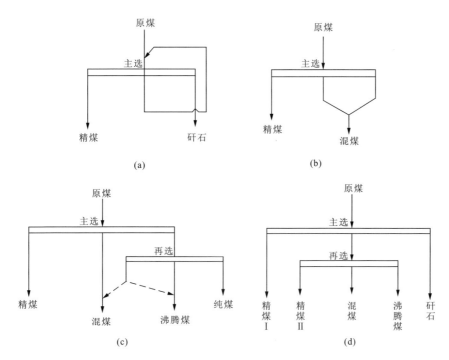

图 2-6 分选动力煤和无烟煤的跳汰流程
(据周曦,2003)

二、重介质选煤

重介质选煤是用密度介于煤与矸石之间的重液或悬浮液作为分选介质的选煤方法。目前,国内外普遍采用磁铁矿粉与水配制的悬浮液作为选煤的分选介质;而重液价格昂贵,回收复杂困难,在工业上没有得到应用(吴式瑜等,2003;欧泽深,2006)。

重介质选煤具有分选效率和精度高,分选密度调节灵活且范围宽、适用性强,分选料度宽,处理能力强,生产控制易于自动化的优点;主要应用于排矸、分选难选和极难选煤(吴式瑜,2003)。重介质选煤的缺点是工艺复杂,生产费用较高,设备磨损快,维修量大。

重介质选煤法使用范围广。可代替人工手拣矸石,不仅分选效果好、生产率高,而且解放繁重的体力劳动。对于难选煤和极难选煤,采用全重介选或部分重介选流程,都可以提高精煤产率。用重介质旋流器再选跳汰中煤和精煤,可提高精煤产率和产品质量。目前,在我国重介质选煤的能力仅次于跳汰选煤。

重介质选煤的基本原理是阿基米德原理,即浸没在液体中的颗粒所受到的浮力等于颗粒所排开的同体积液体的重量(吕一波等,2007;吴式瑜,2003)。如果颗粒的密度 δ 大于悬浮液密度 ρ,则颗粒下沉;如果 $\delta < \rho$,则颗粒上浮;如果 $\delta = \rho$,颗粒则处于悬浮状态。

当颗粒在悬浮液中运动时,除了受到重力和浮力作用外,还受到悬浮液的阻力作用。最初相对悬浮液做加速运动的颗粒,最终将以其末速度相对于悬浮液运动。颗粒越大,相对末速度越大,分选速度越快,分选效率越高。可见,重介质选煤是严格按密度分选的,颗粒粒度和形状只影响分选的速度,这也就是重介质选煤是所有重力选煤方法中效率最高的原因(吕一波等,2007)。

(一)重介质分选机

实现重介质选煤的设备是重介质分选机。随着重介选矿工艺的发展,重介分选机的种类也越来越多并且趋向大型化。从分选粒度范围可分为块状物料(块煤)分选机和粉状物料(末煤)分选机两大类。块煤重介质分选机分为斜轮重介质分选机、立轮重介质分选机和筒型重介质分选机;末煤重介质分选机有重介质旋流器等。

1. 斜轮重介质分选机

斜轮重介质分选机是目前我国块煤分选应用较广的一种设备(图2-7)。斜轮分选机的优点是分选精度高,可分选粒度范围宽(分选粒度上限为200~300mm,最大可达1000mm,下限为6~8mm),处理量大(槽宽1m的斜轮分选机处理量为50~80t/h),所需悬浮液循环量小(约0.7~1.0m³/t入料),分选槽内介质比较稳定,分选效果良好。其缺点是外形尺寸大,占地面积大。

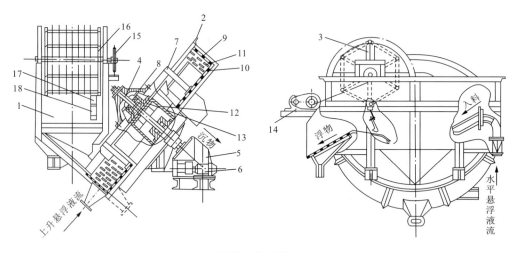

图2-7 斜轮重介质分选机示意图
(据吴式瑜等,2003)
1—分选槽;2—提升轮;3—排煤轮;4—提升轮轴;5—减速装置;6—电动机;7—提升轮骨架;8—齿轮盖;9—立筛板;10—筛板;11—叶轮;12—支座;13—轴承座;14—电动机;15—链轮;16—骨架;17—橡胶带;18—重锤

斜轮分选机兼用水平介质流和上升介质流,在给料端下部引入水平介质流,不断给分选带补充合格悬浮液,防止分选带密度降低。在分选槽底部引入上升介质流,防止悬浮液沉淀。水平介质流和上升介质流的同时作用使分选槽中悬浮液的密度保持稳定均匀,并造成浮煤的水平运输。浮煤由水平流运至溢流堰被排煤轮刮出,经固定筛一次脱介后进入下一脱水脱介作业。沉煤下沉至分选槽底部由斜提升轮的叶轮提升至排料口排出。原煤送入分选机后,最终产品按密度分为浮煤和沉煤两部分。

2. 立轮重介质分选机

立轮重介质分选机的工作原理与斜轮重介质分选机基本相同,其差别仅在于分选槽槽体型式和排矸轮安放位置等机械结构上有所不同(吕一波等,2007)。在相同处理量的条件下,立轮重介质分选机具有体积小、重量轻、功耗少、分选效率高及传动装置简单等优点。缺点是生产费用较高,设备磨损较快,悬浮液的循环量比其他重介质分选机大。立轮重介质分选机结构如图 2-8 所示。

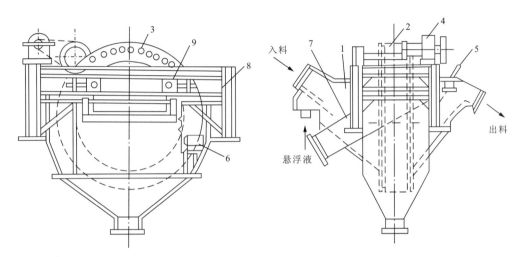

图 2-8 立轮重介质分选机示意图
(据吴式瑜等,2003)
1—分选槽;2—排矸轮;3—棒齿;4—排矸轮传动系统;5—排煤轮;6—排煤轮传动系统;7—矸石溜槽;
8—机架;9—托轮装置

3. 重介质旋流器

重介质旋流器选煤是目前重力选煤方法中效率最高的一种。它是用悬浮液作为介质,在外加压力产生的离心场和密度场中,把煤和矸石进行分离的一种特定结构的设备。

重介质旋流器分类方法较多,各种类型的重介质旋流器都有各自的特点。下面介绍几种常规的分类方法(周曦,2003)。

(1)按其外形结构可分为圆筒形和圆筒圆锥形重介质旋流器。

(2)按其选后产品的种类可分为二产品重介质旋流器、三产品重介质旋流器。

(3)按给入旋流器的物料方式可分为周边(有压)给原煤、给介质的重介质旋流器和中心(无压)给原煤、周边(有压)给介质的重介质旋流器。

(4)按旋流器的安装方式可分为正(直)立式重介质旋流器、倒立式重介质旋流器和卧式重介质旋流器。

重介质旋流器选煤的基本过程(吴式瑜等,2003):原煤和悬浮液以一定压力沿切线方向给入旋流器,形成强有力的旋涡流。液流从入料口开始沿旋流器内壁形成一个下降的外螺旋流,在旋流器轴心附近形成一股上升的内螺旋流。由于内螺旋流具有负压而吸入空气,在旋流器轴心形成空气柱。入料中的精煤随内螺旋流向上,从溢流口排出;矸石随外螺旋流向下,从底流口排出。

重介质旋流器选煤是利用阿基米德原理在离心力场中(而不是重力场中)完成的。在重介质旋流器中,体积为 V 的颗粒(密度 δ)所受的离心力 F_c 为:

$$F_c = V\delta \frac{v^2}{r} \tag{2-1}$$

式中:v——颗粒的切向速度(m/s);
　　　r——颗粒的旋转半径(m)。

悬浮液给物料的向心力 F_0 为:

$$F_0 = V\rho \frac{v^2}{r}$$

式中:ρ——悬浮液的密度(g/m³)。

颗粒在悬浮液中半径为 r 处所受的合力 F 为:

$$F = F_c - F_0 = V(\delta - \rho) \frac{v^2}{r} \tag{2-2}$$

式(2-2)表明,当 $\delta > \rho$ 时,F 为正值,颗粒被甩向外螺旋流;当 $\delta < \rho$ 时,F 为负值,颗粒移向内螺旋流,从而把密度大于介质的颗粒和密度小于介质的颗粒分开。在旋流器中,离心力可比重力大几倍到几十倍,因而大大加快了末煤的分选速度并改善了分选效果。

重介质旋流器具有体积小,结构简单,处理量大,分选效率高,分选下限低(可达 0.3~0.5mm),适合于处理难选煤种等特点。特别是对难选、极难选的原煤,细粒级较多的氧化煤、高硫煤的分选和脱硫有显著的效果及经济效益。重介质旋流器的缺点是入料的上限不高,循环液的循环量较大(3~5m³/t)。重介质旋流器选煤原理如图 2-9 所示。圆筒重介质旋流器如图 2-10 所示。

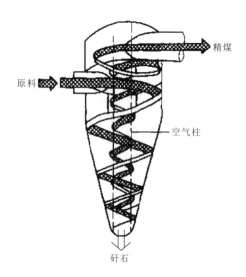

图 2-9　重介质旋流器选煤原理图
(据贺遥等,2007)

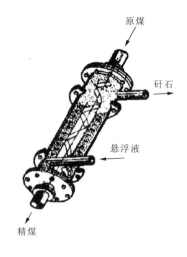

图 2-10　圆筒(DWP)重介质旋流器示意图
(据吴式瑜等,2003)

(二)悬浮液

悬浮液是用磨得很细的高密度固体(如磁铁矿、重晶石、沙、黄土、浮选尾矿等)微粒与水配制成悬浮状态的两相流体(吴式瑜等,2003;欧泽深等,2006)。所用固体微粒称为加重质,水称为加重剂。悬浮液价格便宜,无毒,无腐蚀性,特别是用磁铁矿粉与水配制的重悬浮液,加重质容易回收,配制的悬浮液密度范围较大,所以目前在选煤工业上得到广泛的应用(周曦,2003)。

悬浮液的性质直接影响分选效果,选煤用的悬浮液既要达到密度要求,又要有一定的稳定性,同时还要有较好的流动性(黏度不能过高)。其中,加重质的性质直接决定悬浮液的性质,当悬浮液密度一定时,加重质的粒度越粗,则悬浮液的黏度越低,加重质沉降速度越快,回收越容易,但悬浮液不稳定;加重质的粒度越细,加重质沉降速度越慢,悬浮液稳定性越好,但黏度增加,加重质回收困难(周曦,2003)。另外,加重质的密度越高,悬浮液容积浓度就越低,稳定性也越差。因此为得到较好的分选效果,必须对加重质和悬浮液的性质作进一步的探讨。

1. 加重质的粒度

加重质的粒度大小决定了它在水中沉降速度的快慢,代表着悬浮液的稳定性。因此,悬浮液的稳定性和黏度是随着加重质颗粒平均直径的减小而增加。

目前选煤厂普遍采用磁铁矿粉做加重质。如果磁铁矿和水的混合物是静止的,那么磁铁矿粉会很快沉淀,不能形成悬浮液。只有当磁铁矿粒度很细,分选机中有水平—上升(或下降)介质流运动的情况下,磁铁矿粉才能悬浮起来,在分选机内形成一个密度较均匀的分选区。同样,磁铁矿粒度过细,会使悬浮液的黏度过高,不但降低分选效果,而且会恶化悬浮液的净化回收条件。在确定合理的磁铁矿粉粒度时,还应考虑分选设备的型式和悬浮液密度的高低等因素。

生产实践表明,块煤重介质分选机要求磁铁矿中粒度小于 0.028mm 级,含量应不低于 50%,而对于末煤重介质旋流器,则要求磁铁矿中粒度小于 0.028mm 级,含量应不低于 90%。磁铁矿粒度与悬浮液密度的关系是,悬浮液密度越低,磁铁矿粉粒度要求越细。我国选矿厂生产的磁铁矿粉较粗,多数达不到上述要求。因此,应进一步加工磨细来保证悬浮液的稳定性,同时可减少设备、管路磨损和介质消耗量。实践证明,重介质选煤厂用球磨机将较粗的磁铁矿粉再磨 60~90min,基本就能达到粒度要求。

2. 悬浮液的密度

悬浮液的密度与加重质的密度及体积浓度有关。悬浮液的密度 ρ_{su} 等于加重剂和加重质密度的加权平均值,可由下列公式求得:

$$\rho_{su} = i(\delta - \rho) + \rho \qquad (2-3)$$

式中:i——悬浮液中加重质的体积浓度;

δ——加重质的密度(g/cm^3);

ρ——水的密度(g/cm^3)。

当以加重质的质量来计算悬浮液密度时,式(2-3)可改写为:

$$\rho_{su} = \frac{G(\delta - \rho)}{\delta V} + \rho \qquad (2-4)$$

式中:G——加重质的质量(g);

V——悬浮液的体积(cm^3)。

采用磁铁矿粉做加重质时,磁铁矿密度范围为 $4.3\sim5.0g/cm^3$,用此配制的悬浮液容积浓度一般上限不超过 35%,下限不低于 15%。超过最大值时,悬浮液黏度增大失去流动性,入选物料在悬浮液中不能自由运动;低于最小值时,又会造成悬浮液中加重质迅速沉降,使悬浮液密度不稳定,影响分选效果。采用磁铁矿配制的悬浮液密度可达 $1.3\sim2.0g/cm^3$,通常低密度的悬浮液用来选精煤,高密度的悬浮液用来排矸。如果在允许的容积浓度范围内悬浮液密度仍不稳定时,可以加入一定量的煤泥来达到稳定悬浮液的目的。

在实际选煤过程中,悬浮液分为 3 种(周曦,2003):工作悬浮液(给入分选设备的具有给定密度的悬浮液)、稀悬浮液(在产品脱介筛第二段筛下获得的、密度低于分选密度的悬浮液)和循环悬浮液(在产品脱介筛第一段筛下获得的、密度接近或等于分选密度的悬浮液)。在生产实践中,必须严格测定和控制工作悬浮液的密度。由于选煤过程中的实际分选密度与给入分选设备的工作悬浮液密度有差异,这个差值大小除与原料煤的粒度组成有关外,还与分选设备、分选条件等因素有关。因此,工作悬浮液的密度须根据分选设备、分选条件、原煤粒度组成以及分选产品的质量要求来确定。

3. 悬浮液的流变黏度

流变黏度是表征悬浮液流动变形的一个重要特性参数。液体中质点的位移由于受分子间的吸引力,需要消耗若干能量。如果把这种吸引力看成是液体的内摩擦力,则由于液体的分子结构和分子量不同,其内摩擦力也不同。当液体流动时,其内部质点沿流层间的接触面相对运动而产生内摩擦力的性质,称为流体的黏性。黏性是流体的一个重要物理性质,以黏性系数 μ 来度量,又称动力黏性系数、动力黏度或黏度。黏度 μ 越大,液体流动时的阻力就越大。

选煤用悬浮液的黏度取决于水的黏度与加重质所引起的附加黏度,表现为液体与液体、固体与固体、液体与固体之间的内摩擦力。因此,悬浮液的黏度 μ_b 比水的黏度 μ 大,悬浮液流动时的阻力也就大。

在一定的温度和压力下,均质液体的黏度 μ 是一个常数,悬浮液的黏度 μ_b 一般也是常数,与流体的速度梯度无关。但是,当悬浮液中固体的容积浓度过大时,固体粒子外面的水化膜彼此聚合成具有一定机械强度的网状结构物,并将大量的水充填在网状结构物的空腔中,这就形成了结构化。结构化的悬浮液会使黏度显著增大,此时悬浮液的黏度称为结构黏度,该黏度随悬浮液流速梯度的减小而增大。根据试验,用磁铁矿粉配制的悬浮液中,加重质的容积浓度超过 30% 时,悬浮液才会产生结构化。

悬浮液黏度越大,物料在悬浮液中运动所受的阻力就越大,按密度分层越慢。尤其是结构化的悬浮液,对沉降末速小的细粒级煤是很难分选的。

4. 悬浮液的稳定性

悬浮液的稳定性是指悬浮液在分选机中,各点的密度在一定时间内保持不变的能力。悬浮液的稳定性不仅与加重质和加重剂的性质有关,而且还与悬浮液所处的状态(静止还是流动)有关。因此,必须区分静态稳定性和动态稳定性这两个概念。在一定条件下,动态稳定性和静态稳定性是成正比的,但是同一悬浮液的静态稳定性和动态稳定性指标可能相差很大。例如,当悬浮液按一定方向和速度流动时,可以使静态稳定性很差的悬浮液变为动态稳定的悬浮液。悬浮液在分选设备中能否保持动态稳定,是衡量悬浮液能否用于分选的主要指标,因为它直接影响分选效果。静态稳定性只能作为一个参考,用来比较不同悬浮液的性质。

悬浮液的稳定性与加重质的粒度和体积浓度、液流方向、流速、排料机构搅动等因素有关,应综合考虑以求达到选煤工艺所要求的密度均一性。块煤分选机悬浮液的稳定性要求在分选区内上下层的密度差小于 $0.02g/cm^3$,通常靠上升或下降液流来达到;重介质旋流器悬浮液的稳定性要求底流悬浮液密度与溢流悬浮液密度的差值为 $0.3\sim0.5g/cm^3$。

评价悬浮液稳定性的方法很多,目前尚无统一标准,常用的测定方法可分为两类(周曦,2003)。

(1)按加重质的沉降速度测定稳定性。包括按悬浮液澄清层的形成速度测定法和按沉淀层的形成速度测定法,测量得到的稳定性数值以沉淀物在单位时间内的下沉距离来表示。其主要缺点是不太实用,因为选煤用的悬浮液中磁铁矿粉的粒度范围较大,而且混有大量煤泥,这样的悬浮液在静止中虽然很快发生固相颗粒的沉淀,但是往往难以形成澄清层或沉淀层。

(2)按悬浮液密度的变化测定稳定性。具体测定方法较多,其主要区别在于测定条件和稳定性指标的不同。例如,杨西等人建议用直径为 37.5mm 的量筒,按悬浮液静止 1min 后上层(距液面 100mm 内)的密度变化测定静态稳定性。在静止 1min 后悬浮液密度不变,则得悬浮液稳定性系数 $\theta=100\%$,当静止 1min 后加重质在上层完全下沉时,则得 $\theta=0$。这种测定方法简单易行,也便于实际应用,但缺点是所得稳定性系数只说明悬浮液静止 1min 以后的密度变化,无法看出悬浮液密度在不同静止时间后的变化。

应当指出,若悬浮液的稳定性过高,会导致悬浮液黏度过大,反而使分选效果变差。因此,当选择提高悬浮液稳定性的方法时,必须仔细分析可能带来的后果。提高悬浮液稳定性的方法可分为两类:①提高静态稳定性的方法,包括减小加重质的粒度,选择密度低的加重质,提高加重质的容积浓度,掺入煤泥和黏土,应用化学药剂;②提高动态稳定性的方法,包括利用机械搅拌,利用水平液流、上冲液流及水平-垂直复合液流。

比较各种提高悬浮液稳定性的方法,可以得出以下结论(周曦,2003)。

(1)选择适宜的加重质粒度,同时控制悬浮液中的煤泥含量,在不影响悬浮液流变特性的情况下,尽量提高悬浮液的静态稳定性。

(2)利用复合液流提高悬浮液的动态稳定性,但液流的速度要控制在不影响分选精度的范围内。如在重力作用下进行分选的分选机中,上升液流造成的实际分选密度与悬浮液密度的差值应控制在 $0.05g/cm^3$ 左右,否则精煤中错配物将会过多。同理,下降液流过大会造成细粒精煤的损失。而水平流速过快,则会缩短分选时间。

在重介质选煤的生产中,应保证悬浮液黏度小、稳定性好、循环量稳定。

(三)影响分选效果的主要因素

1. 入选煤性质

重介质选煤过程中,入选原煤的粒度越大,分层速度越快,分选的效率也越高。因此,重介质选煤都是分级入选,而且对限下率和含泥量有一定限制。采用重介质旋流器分选末煤时,入料中小于 0.5mm 煤粉的含量不应超过 3%~5%(指末煤脱水后,外在水分为 12%~15% 时的煤泥含量)。块煤分选机入选原煤的允许限下率见表 2-2。

表 2-2 块煤重介质分选机入料的允许限下率（据吴式瑜,2003）

入选原煤粒度下限(mm)		25	13	10	8	6
允许限下率（%）	烟煤和无烟煤	<10	<7~9	<6~8	<5~6	<4~5
	褐煤	<25	<20	—	—	—

入选原煤的可选性差别较大时,应尽量将可选性差别较大的原煤分开入选或混匀后再入选。没有配煤设施的选煤厂,可根据原煤及产品的快灰、快浮结果或测灰仪检测结果进行调整。如果原煤中的中煤含量增多,精煤灰分超过指标,可适当减少悬浮液的循环量,或降低悬浮液的密度。

2. 给煤量

给煤量不能忽大忽小、时断时续,而应均匀稳定。给料量过大,煤在分选槽内不能充分散开,甚至造成物料堆积,来不及分选就排出机外,造成精煤灰分增高;给料量小,影响分选机的处理能力。

目前我国常用的确定分选机处理能力的方法是根据单位负荷,即以每米槽宽浮煤的排出能力为主要指标。斜轮重介质分选机的处理能力见表 2-3。立轮分选机可参照斜轮分选机相应的宽度及对应的处理能力。选块煤时,浮煤和沉煤产率不应超过分选机的浮煤及沉煤排出能力。一般来说,浮煤量过大对分选效果的影响更大些。

表 2-3 斜轮重介质分选机的处理能力（据周曦,2003）

型号	槽宽(mm)	处理能力(t/h)	入料粒度(mm)	最大浮煤量(t/h)	最大沉煤量(t/h)
LZX-1.20	1200	65~95	13~200	45	100
LZX-1.60	1600	100~150	13~300	88	147
LZX-2.00	2000	150~200	13~300	110	202
LZX-2.60	2600	200~300	13~300	143	196
LZX-320	3200	250~350	13~400	232	277
LZX-400	4000	350~500	13~450	325	429

重介质旋流器在标准给料压力下的处理能力及悬浮液循环量也是有最佳取值范围的(表 2-4)。当旋流器的给煤量不超过设计处理能力时,不会明显地影响分选效果。当旋流器超负荷运转时,分选效率明显下降。

3. 悬浮液密度

用斜轮分选机分选块煤时,由于受上升介质流和介质阻力等因素的影响,实际分选密度一般比悬浮液密度高 $0.04~0.08g/cm^3$。在生产中,应尽量使悬浮液密度波动范围小。在低密度分选炼焦煤时,进入分选机中的悬浮液密度波动范围应小于 0.01g/cm^3。在高密度分选或排矸系统中,悬浮液密度的波动范围可稍放宽一些。

表 2-4 重介质旋流器的处理能力(据周曦,2003)

旋流器直径(mm)	800	700	600	500
给料标准压力(MPa)	0.08~0.1	0.08~0.09	0.05~0.07	0.04~0.06
入料粒度(mm)	50~0.5	40~0.5	30~0.5	25~0.5
最大入料量(t/h)	180	104	68	45
底流最大排放量(t/h)	70	54	36	27
标准给料压力下处理能力(t/h)	3			
煤+悬浮液(m^3/h)	380	273	191	125
循环液循环量(m^3/h)	200	156	115	75

在生产中,精煤灰分超过指标和原煤可选性变难的情况下,可适当降低悬浮液密度和循环量,或适当调整上升流和水平流的比例。当精煤灰分较低、沉煤中含精煤较多时,如果悬浮液中煤泥含量较低,可适当加大上升流量;如果煤泥含量较高,则可适当提高悬浮液密度。

重介质旋流器分选时,分选密度一般高于悬浮液密度 $0.1\sim0.2\text{g/cm}^3$。这是因为在离心力作用下,旋流器内的悬浮液被浓缩而使分选密度增大。分选密度和悬浮液密度的差值取决于悬浮液中加重质的特性、煤泥含量和旋流器的结构参数。要求低密度悬浮液的加重质粒度较细,高密度悬浮液的粒度可以粗些。

欲调节重介质旋流器的分选密度,可通过改变溢流口和底流口的直径以及调节悬浮液的密度来实现。但在生产过程中,不能随时改变溢流口和底流口的直径,主要靠调节悬浮液密度来改变分选密度。

4. 悬浮液循环量

分选机悬浮液循环量包括上升(下降)液流和水平液流。水平液流的主要作用是运输物料,其流速取决于入料的粒度下限,一般以 $0.2\sim0.3\text{m/s}$ 为宜。上升或下降液流的作用是提高悬浮液的稳定性,其流速取决于悬浮液密度和煤泥含量以及加重质粒度等。重介分选机的上升液流量约占总循环量的 2/3,水平液流约占 1/3。

在生产中为了便于调节悬浮液循环量,可以分选槽内正常生产时的液位为标准,在槽的侧边做出标志,根据该标志便可知悬浮液循环量的变化。操作者可根据原煤入料量、悬浮液中煤泥含量和产量快速浮沉结果的变化,来调整介质泵的入料阀门,以达到调整悬浮液的循环量。正常生产条件下,应尽量减少悬浮液循环量,这不仅能降低电耗,减轻设备磨损和加重质损失,而且还可保证较高的分选精度。

第三节 物理化学选煤——浮选

一、浮选的概述及基本原理

选煤厂通常把湿法选煤产生的粒度在 0.5mm 以下的湿煤副产品叫作煤泥，其主要来源有两个(吴式瑜等,2003)：一是入选原煤中所含，即开采和运输过程中产生的，称为原生煤泥；二是选煤过程中粉碎和泥化产生的，称为次生煤泥。一般原生煤泥占入选原煤的 10%～20%，次生煤泥占入选原煤的 5%～10%，两者合计约占 15%～30%。随着采煤机械化程度的提高，原煤中煤泥的含量显著增加，为了从大量的煤泥中选出精煤，提高精煤产率，增加经济收益，选煤厂广泛采用浮选方法分选煤泥。

浮游选煤(简称浮选)(吴永亮,2007)是依据煤和矿物表面润湿性的差异，在浮选剂的作用下，分选细粒煤(0.5mm 以下)的选煤方法，其目的是将煤泥中的优质成分分选出来，提高精煤的回收率。浮选原理如图 2-11 所示。

在充气的矿浆中，矿粒与气泡相互碰撞。煤粒表面润湿性差，碰撞时粘附到气泡上，被气泡带至水面，形成矿化泡沫。矸石表面润湿性好，碰撞时不与气泡附着，仍留在矿浆中。将泡沫和矿浆分别排出，即可得到精煤和尾煤。

在日常生活中，滴一滴水在玻璃上，水很快展开，附着在玻璃表面上；而滴一滴水在石蜡上，石蜡表面不沾水，水成圆球。矿物表面沾水的这种性质称为润湿性。易被水润湿的矿物称为亲水性矿物，不易被水润湿的矿物称为疏水性矿物。

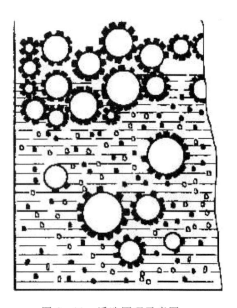

图 2-11 浮选原理示意图
(据吴式瑜等,2003)
圆圈—气泡；黑点—煤粒；白点—矸石

图 2-12 是水滴和气泡在不同矿物表面的铺展情况。图中矿物的上方是空气中水滴在矿物表面的铺展形式(周曦,2003;吴永亮,2007)，从左至右随着矿物亲水程度的减弱，水滴越来越难以铺开而成为球形；矿物下方是水中气泡在矿物表面附着的形式，气泡的形状正好与水滴的形状相反，从右向左随着矿物表面亲水性的增强，气泡变为球形。显然，在水中亲水性的矿物难与气泡附着，可浮性差；疏水性的矿物易与气泡附着，可浮性好。

矿物表面的润湿程度可用润湿接触角来表示。水滴在矿物表面上，当固体、液体和气体三相接触达到平衡时，在三相接触周边的任一点，液气界面切线与固体表面间含液体的夹角 θ 做润湿接触角，简称接触角(图 2-12)。接触角越大，矿物的疏水性越强，可浮性越好。所以，通过测定矿物的接触角，可以对矿物的润湿性和可浮性作出大致的评价。矿物表面的润湿性可

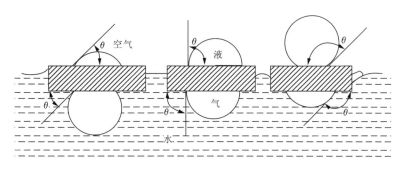

图 2-12 矿物表面的润湿现象
（据吴式瑜,2003）

借浮选剂的作用加以改变,以扩大被分离矿粒表面润湿性的差异,改善浮选效果。

煤粒在气泡上的附着称为气泡的矿化。在浮选机中煤粒与气泡相互粘附主要有两种方式（吴永亮,2007；吴式瑜等,2003）。

1. 煤粒与气泡相互碰撞

这种粘附可以分为3个阶段：①煤粒与气泡接触；②煤粒与气泡间的水化层破裂；③煤粒在气泡上固着。煤粒与气泡接触是其能否相互粘附的前提条件。因此,在浮选机中要搅拌矿浆并充入大量气泡,加强煤粒与气泡的接触机会。煤粒与气泡间水化层的破裂是选择性粘附的关键。疏水性很强的煤粒,表面水化层很薄,碰撞接触时易于破裂,与气泡粘附。而矸石则相反,附着于气泡的可能性很小。煤粒与气泡附着后,由于各种脱落力的作用（其他颗粒与气泡的撞击力、浮选机的搅拌力、颗粒本身的重力等）,附着的煤粒还可能脱落,特别是疏水性不强、附着不牢的煤粒。为此,在气泡上浮过程中矿浆应保持稳定。

2. 气体微泡在煤粒表面析出

气体在水中的溶解度与压力有关。当在浮选矿浆中,各点的压力是变化的,在正压区,空气溶解到水中；到了负压区,压力迅速降低,就以微泡的形式从水中析离出来。实验表明,微泡最容易在疏水性强的固体表面形成。这些气泡很小,且分散度较高,大量的微泡有利于煤粒附着在气泡上,而煤粒表面聚集微泡后又易与大气泡附着。

在浮选中,气泡矿化后形成结合体,形式大致有3种,如图2-13所示。煤粒能否附着和最终固着在气泡上,既取决于煤粒本身的性质（极性）,又取决于外界条件（气泡和浮选剂）。煤粒表面的疏水性越好,矿浆充气越好,气泡从液相中析出越多,煤粒大小和质量越适合,则煤粒附着于气泡的可能性就越大；煤粒表面疏水性越好,矿浆搅拌越弱,脱落力越小,则煤粒在气泡上保持固着的能力就越强。

二、浮选剂

为了强化浮选效果,在煤泥浮选过程中常加入多种化学药剂——浮选剂。浮选剂是为实现或促进浮选过程所使用的各种化学药剂的总称,其主要作用是（吴永亮,2007）：①提高煤粒表面的疏水性,扩大煤和矸石颗粒表面疏水性的差异,提高煤粒在气泡上附着的牢固程度；②在矿浆中促使形成大量的气泡,防止气泡的兼并,改善泡沫的稳定性,使煤粒有选择性地粘

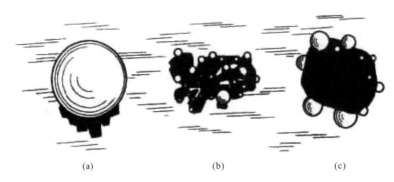

图 2-13 矿化气泡的 3 种形式

(据吴永亮,2007)

(a)几个煤粒附着在一个气泡上;(b)煤粒与气泡形成絮团;(c)群泡附着在一个煤粒上

附着气泡而上浮;③调节煤与矿物杂质表面的性质,提高煤泥浮选的速度和选择性。生产实践表明,采用浮选剂是改善和强化浮选过程的重要手段。

按浮选剂在浮选过程中的作用,可以将浮选剂分为以下几类。

(1)捕收剂:是指在煤泥浮选过程中使用的,用以提高煤粒表面的疏水性,使其易于并牢固地和气泡附着的浮选剂。最常用的捕收剂为非极性烃类化合物,如煤油、轻柴油等。

(2)起泡剂:在浮选过程中用以促进气泡产生、控制气泡大小、维持泡沫稳定性的浮选剂。属于这类浮选剂的是各种有机表面活性物质,如脂肪醇、杂醇等。

(3)调整剂:是指用于调节矿浆及矿物表面的性质,提高某种浮选剂的效能或消除杂质有害影响的浮选剂。主要包括:①抑制剂——用于降低某种杂质颗粒表面的疏水性,使其不易浮起,从而提高煤与矿物杂质分离的浮选剂,如偏硅酸钠、水玻璃、偏磷酸钠等;②介质 pH 值调整剂——用于调整煤浆的酸碱度,通过改变煤粒和矿物杂质颗粒表面的润湿性来提高浮选的选择性的浮选剂,如石灰、硫酸等。

(4)其他:浮选剂还有用于增加非极性油类在煤浆中的弥散度的乳化剂。

上述浮选剂类别是按其基本作用区分的,事实上由于各种药剂组成结构的影响,有些浮选剂并非只有一种作用,通常还兼有其他作用。

按浮选剂分子结构的不同,浮选剂又可分为以下 3 类。

(1)极性浮选剂。这类浮选剂的分子就整体而言是电中性的,但具有两个电极,就像磁铁具有两个磁极一样,能吸引极性的水分子,具有亲水性,能溶解在水中,如各种酸类、碱类和盐类。

(2)非极性浮选剂。其分子正电荷与负电荷的电重心重合在一起,在水中不解离,基本不能吸引极性水分子,水化作用很小,具有疏水性,它们以小油滴的形态悬浮在水中,如烃类化合物(油类)。

(3)复极性浮选剂。其分子由两部分组成,即极性部分(常称极性基)和非极性部分(非极性基)。极性基具有亲水性,非极性基具有疏水性。如直链脂肪醇,一端为非极性基碳氢烷烃链 $[CH_3(CH_2)_n—]$,另一端为极性基(—OH)。

图 2-14 为不同的浮选剂分子与水分子(极性)的相互作用示意图,其中,图 2-14(a)为疏水性的非极性分子;图 2-14(b)为亲水性的极性分子;图 2-14(c)为复极性分子,一端亲水一端疏水。

（一）捕收剂

提高煤粒表面疏水性的药剂称为捕收剂，它具有捕收煤粒的作用。浮选煤炭时通常采用非极性碳氢化合物，如煤油、轻柴油等。

非极性捕收剂具有很好的疏水性，不溶于水，对煤粒表面有良好的附着能力。这类药剂在煤粒表面上的附着是物理吸附，即分子力作用的结果。非极性油类药剂虽不溶于水，但由于强烈的搅拌作用，被粉碎成许多小油滴而分散在矿浆中。这些小油滴一旦与煤粒相遇，就附着在煤粒表面。煤粒的疏水性越强，油滴在其表面附着的可能性越大，附着得越快、越多、越牢固。非极性的小油滴不与亲水性的矸石附着。因此，捕收剂的捕收是有选择性的。

在浮选过程中非极性油类捕收剂的作用可归纳为3个方面（图2-15）：①油类捕收剂吸附在煤粒表面，提高了煤粒的疏水性，从而强化了

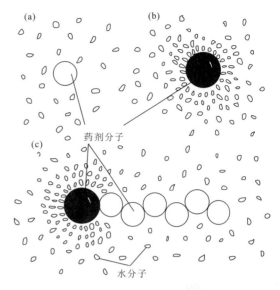

图2-14 浮选剂分子与水分子的相互作用
（据吴式瑜等，2003）
(a)非极性分子；(b)极性分子；(c)复极性分子

气泡的选择性矿化，提高了浮选速度；②在煤粒、气泡、水三相接触的周边上形成油环，增大煤粒与气泡的固着强度；③油滴与煤粒、气泡形成絮团，提高了上浮能力。

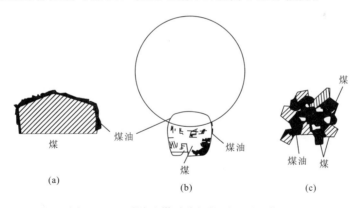

图2-15 浮游选煤时非极性浮选剂的作用
（据吴式瑜等，2003）

浮游选煤常用的捕收剂有以下几种（吴式瑜等，2003）。

1. 石油产品

煤油：是炼油时分馏温度在150～270℃、含有9～13个碳原子的烃类，密度在0.84g/cm³左右，兼有一定的起泡性能。

轻柴油：选煤厂用的是0号和10号轻柴油，分馏温度为270～320℃，含有12～15个碳原子的烃类，密度为0.81～0.83g/cm³，呈黄褐色，具有嗅味。0号轻柴油的凝点为0℃，10号轻

柴油的凝点为10℃。轻柴油也具有一定的起泡性能,特点是捕收作用强。

由于煤油和轻柴油的原料来源和加工方法不同,它们的成分和性质变化很大,裂化法所得产品比直馏法的产品浮选活性高。

2. 合成产品

煤油和轻柴油属于能源物资,工农业需求量大,供应紧张。合成药剂质量稳定,效果好。现在这方面的产品较多,主要有如下几种。

FS-202:无毒、无难闻气味,质量稳定。系南京烷基苯厂生产烷基苯所剩余的抽余油。

CM药剂:无毒、无刺激性气味。系南宁第二化工厂生产的合成捕收剂,型号有CM-03、CM-04A、CM-04B等。

MB药剂:系辽阳化工厂由石油加工副产品生产的合成捕收剂,它兼有起泡性能,能满足不同可浮性煤的浮选需要。

3. 焦油产品

焦油是炼焦的化工产品,经分馏可得轻油(160℃下)、中油(160~230℃)、重油(230~270℃)和脱酚烃中油。对浮选来说,焦油产品具有良好的捕收性能和起泡性能,但含有剧毒酚,所以焦油产品的使用受到限制。

(二)起泡剂

在浮选过程中控制气泡大小和维持泡沫稳定性的浮选药剂叫作起泡剂。通常使用复极性的有机化合物作为起泡剂。在纯水中气泡是不稳定的,因为在它们相互接触时便立即合并,形成较大的气泡,上升到水面时就立刻破灭。

当水中有起泡剂分子时,由图2-16可以看出,起泡剂的复极性分子是以其极性部分向着水层,其非极性烃链在气泡内。分子的极性部分是亲水基,它与水分子强烈地吸引着。当吸附有起泡剂单分子层的气泡相互接触时,由于它们之间有两层起泡剂单分子层所形成的水层相隔,并被两层起泡剂分子的极性部分保持着,因而气泡在水中不容易合并,在水面上也不容易破灭。所以,起泡剂能使泡沫稳定,并提高泡沫的牢固性。

水中有起泡剂存在时,不仅能使泡沫稳定,而且还能促进空气分裂成小气泡,因为起泡剂能够在水-气界面上降低表面张力,减小气泡的分裂阻力。上述两种作用在浮选过程中有重要意义,因为只有当生成的泡沫稳定时,浮选才能实现。气泡越小,所形成的气泡总表面积越大,有更多的气泡表面附着浮游矿物颗粒。

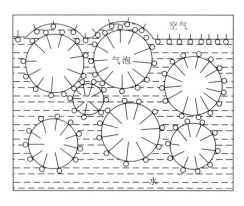

图2-16 复极性分子在水-气界面上的排列

(据吴永亮,2007)

起泡剂在煤泥浮选过程中的作用可以归纳为以下几个方面。

(1)使充气的矿浆中形成稳定性适宜的气泡。

(2)减弱了气泡间的兼并,提高了空气在水中的分散度。

(3)增加了气泡的弹性。

(4)降低了气泡在矿浆中的浮升速度,延长了气泡在煤浆中经历的时间。

起泡剂按其来源可以分为以下三大类。

(1)天然起泡剂:是由林木直接蒸馏和加工后的产品,包括松油、二号油、黄油、重松节油等。因资源有限,所以天然起泡剂在选煤厂较少使用。

(2)石油、化工副产品起泡剂:我国选煤厂通常使用的是这类起泡剂,包括杂醇、仲辛醇、高级醇、戊醇残液等。

(3)人工合成起泡剂:是根据所浮选的矿物特性专门生产的化工产品,有利于解决目前以化工副产品作起泡剂所带来的成分不稳定、供应无保证等问题。主要有醚醇类和醚类起泡剂两种。

浮选过程中加入起泡剂本身并不产生气泡,而是使浮选煤浆中产生的气泡更稳定、更分散。起泡剂能大大改善浮选泡沫的性质,为更好地实现泡沫浮选创造了有利的条件。

(三)调整剂

调整剂是控制矿物与捕收剂作用之间的一种辅助浮选剂。在煤泥浮选过程中,为了得到较好的浮选技术指标,除了使用捕收剂和起泡剂之外,还需使用合适的调整剂。按照在浮选过程中的作用,可以分为介质pH值调整剂、矿泥分散剂和抑制剂(吴永亮,2007),它们在不同的条件下,起着不同的作用。

1. 介质pH值调整剂

用于调整矿浆酸碱度的浮选剂。矿浆酸碱度决定了捕收剂能否有效吸附在煤粒上,对其作用效果有很大的影响。在微酸性矿浆中浮选,有利于提高精煤的产率,降低精煤的灰分;而在碱性矿浆中浮选时,除硫效果最好。常用的介质pH值调整剂有石灰(应用最广泛的碱性调整剂)和硫酸(酸性调整剂)。

2. 矿泥分散剂

用于消除矿泥覆盖于煤粒表面的有害影响的浮选剂,常用的药剂为水玻璃和磷酸钠。矿泥分散剂的作用在于使细泥表面带电,在静电排斥力的作用下分散于矿浆中而不能附着于煤粒的表面上。在实际生产中,通常是将矿泥分散剂配成适当浓度的水溶液,直接加入到矿浆准备装置中用于浮选。

3. 抑制剂

用于降低某种矿粒表面的疏水性,使其不易浮起的一类浮选剂。影响煤泥浮选指标最主要的矿物是高灰分细泥(高岭土、水云母、绿泥石、泥质页岩等,会降低浮选选择性,干扰浮选过程)和硫化物(黄铁矿和白铁矿,天然疏水性和可浮性与煤接近,严重影响精煤质量)。代表性的抑制剂是石灰,它能提高黄铁矿颗粒表面的亲水性,抑制捕收剂在黄铁矿表面的吸附,降低其可浮性,减轻对精煤的污染。

目前,调整剂在浮选过程中使用得还不够广泛,而且没有得到足够的重视。

三、浮选机

浮选机是实现浮选过程的必要设备,浮选效果的好坏在很大程度上取决于其结构形式和参数的完善程度。在浮选过程中,浮选机应有如下基本作用(吴永亮,2007):①充气作用,以最小的动力消耗,吸入足够数量的空气,并将其粉碎生成大小合适、稳定性适宜的气泡,且分散均匀;②搅拌作用,使煤浆处于湍流状态,保证煤粒的悬浮和浮选剂的分散,使得煤粒、气泡运动碰撞,实现煤粒和浮选剂的附着,选择性地实现气泡的矿化;③产物分离作用,形成三相泡沫层,实现良好的二次富集作用,及时、准确地刮出泡沫和分离出尾煤。

浮选机的基本要求(吴永亮,2007):结构必须具有充气、搅拌、循环作用,能连续工作且机槽中矿浆液面高度可调;应具有较大的煤浆通过能力和处理能力;操作方便,系统灵活;能及时、全面地刮出泡沫;易损部件应耐磨、耐用,便于维修和调整;其他的如能耗低、结构简单且噪音小。

根据浮选过程的特点,浮选机有进料、充气、搅拌、刮泡、排料等装置。浮选机的型式很多,按充气和搅拌方式的不同可以分为两大类(吴式瑜等,2003):机械搅拌式(利用叶轮的搅拌作用吸入空气)和无机械搅拌式(利用外部压入空气或喷射矿浆吸入空气)。目前广泛使用的是机械搅拌式浮选机。

(一)机械搅拌式浮选机

XJM 系列浮选机是我国自行设计和制造的煤泥浮选机,全名为自吸式机械搅拌式煤用浮选机,共有 4 种型号,其中 XJM-4 型和 XJM-8 型应用较广。

XJM-4 型浮选机由 6 个箱体、5 个中矿箱及 1 个尾矿箱组成(图 2-17)。每个箱体中有 1 个搅拌机构和 1 个放矿机构,两边各有 1 个刮泡机构,中矿箱和尾矿箱装有矿浆液位调整机构。

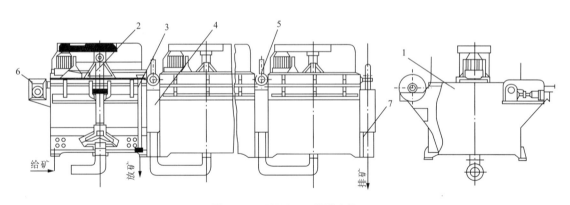

图 2-17 XJM-4 型浮选机

(据吴式瑜等,2003)

1—箱体;2—搅拌机构;3—排矿机构;4—中矿箱;5—矿浆液位调整机构;6—刮泡机构;7—尾矿箱

煤浆由吸浆管进入叶轮吸浆室,循环煤浆由循环孔进入循环室(图 2-18)。在叶轮离心力的作用下,煤浆被甩出的同时,吸气室和循环室造成负压,空气分别由空心轴和套筒上的进气管进入吸气室和循环室。煤浆和气体沿叶轮的几层伞形锥面通过定子导向叶片抛射出去,煤浆和气体混合,并使气泡粉碎;混合后的煤浆再经过槽底导向板与槽底碰撞,使气泡进一步粉碎,然后逐渐稳定上升。在搅拌、抛射、上升的过程中完成矿化作用。矿化气泡徐徐上升至液面形成矿化泡沫层,由于煤浆运动和刮泡器的作用,矿化泡沫层逐渐向静止区移动。在静止区使浮选过程中所夹带的高灰分颗粒脱落,返回浮选槽(即矿化泡沫层产生二次富集作用)。

被刮泡机构刮出的为浮选精煤,未经充分浮选的煤浆被吸入到下一浮选槽继续进行浮选,最后浮选尾矿由尾矿箱排出,完成全部浮选过程。

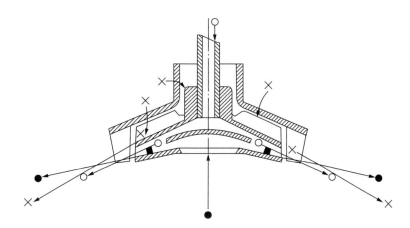

图 2-18 XJM-4 型浮选机中矿浆、空气运动线路图

(据吴式瑜等,2003)

○空气;●新鲜煤浆;×循环煤浆

XJM-4 型浮选机具有以下优点:①有较高的处理能力,单位容积处理量可达 0.6～1.2t/(m³·h);②电耗较低,仅为其他浮选机的 50%～80%;③有良好的充气性能,不仅充气量大、均匀度高,而且可在较大范围内调节;④药剂消耗量较低,仅为其他机型消耗量的 50%～70%。

XJM-S 型浮选机(图 2-19)是在保留了 XJM-4 型结构特点的基础上,针对 XJM-4 型

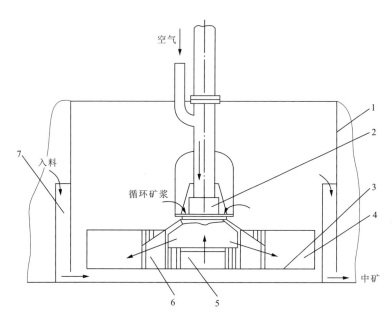

图 2-19 XJM-S 型浮选机示意图

(据吴式瑜等,2003)

1—槽体;2—搅拌机构;3—假底;4—稳流板;5—吸浆管;6—定子导向板;7—中矿箱

的一些不足(如单槽容积小,部分结构不够完善,不能满足大型化选煤的趋势等),在结构上进行了一系列的改进而来的。此外还有 XJZ-8 型浮选机(图 2-20)。

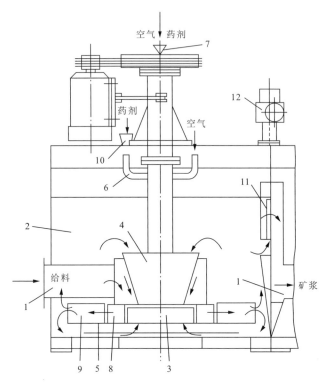

图 2-20 XJZ-8 型浮选机示意图
(据吴式瑜等,2003)

1—入料管;2—浮选槽;3—叶轮;4—锥形筒;5—假底;6—进气孔;7—中空轴加药漏斗;8—定子;9—稳流板;10—定子加药漏斗;11—闸板;12—电动执行机构

(二)喷射式浮选机

喷射吸气式浮选机的煤浆导入、空气吸入以及煤浆和空气搅拌所需的动力均由泵来提供,因此属非机械搅拌式浮选机。该类浮选机具有处理能力大、选择性较好、浮选剂消耗量低和结构简单等优点(吴式瑜等,2003)。XPM 系列是代表性的喷射式浮选机。

喷射吸气式浮选机一般由 6 个槽组成,每个槽内都装有喷射装置、刮泡机构和放矿机构,如图 2-21 所示。刮泡机构和放矿机构与机械搅拌式浮选机的相同。

新鲜煤浆在矿浆准备装置内配置成合适的浓度,并与浮选剂充分混合后自流进浮选槽。循环泵从浮选槽中抽出部分煤浆,加压后送入充气搅拌装置,以 15~20m/s 的速度从喷嘴高速喷出。由于煤浆的高速喷出,在混合室内造成负压,产生抽吸作用,使空气经进气管被吸入混合室与煤浆混合,并在高速喷射流的卷裹作用下沿切线方向进入旋流器。煤浆与空气的混合物在旋流器内高速旋转而进一步得到搅拌、混合,最后以伞状形式从旋流器底部甩出。甩出的煤浆撞击槽底,再一次得到搅拌、混合,同时促使气体被进一步粉碎。矿化泡沫浮升到液面形成泡沫层,被刮泡机刮出,成为浮选精煤。未被矿化的煤浆,一部分直流进入下一浮选槽;一部分被循环泵抽走,加压后再一次送入充气搅拌装置进行矿化。滞留在矿浆中的矸石颗粒从浮选机末端排出,成为浮选尾矿。

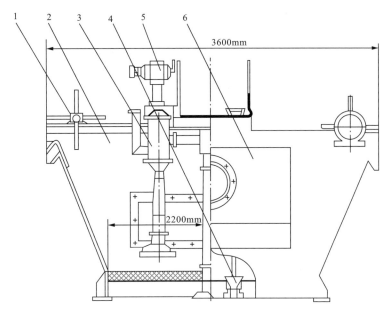

图 2-21 XPM-8 型喷射吸气式浮选机结构示意图
(据吴永亮,2007)

1—刮泡器;2—浮选槽;3—充气搅拌装置;4—放矿机构;5—液面自动控制机构;6—入料箱

喷射式浮选机由于其特殊的结构形式和工作原理,因此具有机械搅拌式浮选机所没有的一些特点:促使空气的溶解和微泡的析出;高速喷出的煤浆对浮选剂具有强烈的乳化作用,有利于气泡的矿化并减少浮选剂的消耗量;采取直流式入料方式,缩短了煤浆的行程,节省了所需消耗的动力,还增加了煤粒与气泡碰撞的机会,有利于气泡的矿化;具有较好的充气效果,充气煤浆能均匀分布于浮选槽类,基本不存在"死区";喷出的煤浆撞击槽底后再折向运动,构成"W"形流动形式,有利于保持矿浆液面的稳定和矿化泡沫的二次富集。

(三)浮选柱

浮选柱是一种无搅拌机构,将空气由柱形体机体底部经充气器给入与煤浆混合,形成矿化泡沫的浮选机。浮选柱通常由外部压入空气,通过特制的、浸没于煤浆中的气泡发生器形成细小的气泡,并顺浮选柱体上升;煤浆从柱体中上部给入并穿过向上运动的气泡群,形成煤粒与气泡逆向运动而实现气泡矿化;泡沫产品在浮选柱上部自流溢出,尾煤则由柱体底部经"U"形管排出。

图 2-22 为 FCMC 型浮选柱的结构原理图,它包括浮选段、旋流段和气泡发生器三部分。浮选段又分为捕集区(或称矿化区)和泡沫区(或称精煤区)。浮选段顶部设有冲水装置和泡沫收集槽,距顶约 1/3 处装有给矿管。旋流段的底部有尾矿排出口。气泡发生器位于柱体外侧,沿切线方向与旋流段相衔接。气泡发生器上装有空气吸入管和起泡剂添加管。柱内浮选段和旋流段的交界处设稳流板,有消除旋流段的上升流和浮选段的下降流在此处相撞而干扰旋流段旋流力场的分选作用。

浮选柱的主要特点如下(吴永亮,2007;吴式瑜等,2003)。

(1)在机械搅拌式浮选机中,煤粒与气泡的碰撞、粘附主要发生在叶轮片周围的高剪切区,在喷射式浮选机中则主要发生于喉管内和伞形分散器周围,而在浮选柱中则发生在柱体内从给料口到气泡发生器之间相当大的捕集区内。

(2)在其他浮选机中,气泡与煤粒的运动方向大致成顺向或互成直角,故其绝对运动速度大而相对速度小,而在浮选柱中则成逆向流动,相对速度大,煤粒与气泡碰撞的概率高,撞击力大。

(3)在其他浮选机槽箱中,煤浆运动的湍流程度高,夹带矿物杂质的概率大,而在浮选柱内湍流程度低,并可在泡沫层中部和顶部喷清水以强化二次富集作用。

(4)由于浮选柱体高达6~10m,气泡发生器产生的气泡在顺柱体上升的过程中体积随静压力的下降而增大,加上强烈的气泡兼并,因此必须使用较其他浮选机更多的起泡剂,以降低水的表面张力,保持气泡的一定直径。

(5)与同容积的其他浮选机相比,浮选柱充气液面的面积要小得多,它的总充气量也远小于其他浮选机,所以浮选柱的单位处理能力在多数情况下都低于其他浮选机,而电耗则高于其他浮选机。

四、浮选的主要影响因素

煤泥浮选是一个复杂的过程。影响煤泥浮选效果的因素很多,例如煤泥性质、矿浆特征、药剂制度、设备性能、工艺流程和操作技术等。日常生产中的主要影响因素主要有下列几种。

1. 煤泥的粒度组成

不同粒度的煤泥有不同的可浮性。从图2-23中可以看出(吴式瑜等,2003):粒度越小的煤泥,起始浮选速度愈大;粗粒煤泥从第三室开始,也就是细粒煤泥浮选出之后,浮选速度才明显提高;同一机室的精煤中,由于细粒级煤泥的选择性差、可浮性好,所以细粒煤的灰分往往比粗粒级的灰分高。

浮选粗粒煤泥时,一般从0.5mm起,可浮性随着粒度的增加而降低。大于1mm的煤粒基本上都损失于尾煤中,造成精煤产率低、尾煤灰分低。所以在生产过程中应加强管理,把浮

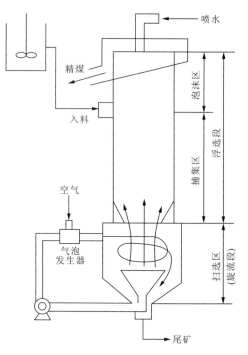

图2-22 FCMC型浮选柱结构示意图
(据吴式瑜等,2003)

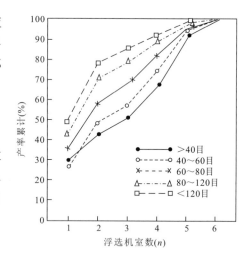

图2-23 不同粒级煤泥的浮选速度曲线
(据吴式瑜等,2003)

选入料上限严格控制在 0.5mm 以下。

细粒泥质的浮选速度快、选择性差，常常污染精煤质量。为提高精煤质量、改善浮选效果，可适当地降低入料浓度改善分选精度，粗细煤泥分级浮选或选前脱除高灰细泥。

2. 入料浓度

入料浓度一般用 g/L 表示，即以每升矿浆中所含固体的克数表示。图 2-24 所示为矿浆浓度对若干浮选因素的影响（吴式瑜等，2003）。曲线 1 说明矿浆的充气作用随矿浆浓度增加而增加，达到最大值后又逐渐变小，表明矿浆浓度与充气作用之间有一最大值；曲线 2 和曲线 3 说明随着矿浆浓度的增加，药剂的容积浓度越大，煤泥的浮选时间越长；曲线 4 表明随着矿浆浓度的增加，细粒级煤泥的可浮性提高；曲线 5 表明随着矿浆浓度的增高，粗粒级煤泥的可浮性降低；曲线 6 表明随着矿浆浓度的增加，煤泥的粉碎作用加强。从上述矿浆浓度对浮选因素的影响及生产实践表明，较大的入料浓度有利于提高按干煤泥设计的处理能力，降低药耗、水耗和电耗，但不利于提高分选效果和精煤质量。

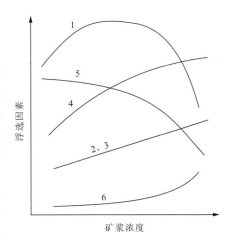

图 2-24 矿浆浓度对各浮选因素的影响
（据吴式瑜等，2003）
1—矿浆充气量；2—药剂的容积浓度；3—浮选时间；4—细粒的可浮性；5—粗粒的可浮性；6—煤泥的粉碎程度

选煤厂煤泥水直接浮选流程的采用，使入料浓度大为下降。浓度过低，将会增加药、电消耗，降低处理能力，因而在保证产品质量的前提下需尽量提高入料浓度。浮选入料浓度通过浓度仪表或浓度壶测定。浓缩浮选入料浓度的调整通常是在搅拌桶上加稀释水，直接浮选入料浓度的调整主要靠控制洗煤用水。

3. 充气程度

矿浆充气程度包括浮选机内矿浆充气量和充气均匀度。前者指向矿浆导入空气量的多少，后者指在机体内充气量分布的均匀程度。

一般来说，叶轮结构好、转速高、浸入深度小、矿浆浓度低、循环量大、进气口大，矿浆的充气程度就大。矿浆的充气程度大，浮选速度高，浮选机的处理能力就强。叶轮的搅拌强度越大，起泡剂的性能越好，产生的小气泡越多，矿浆的充气程度也越大。但搅拌作用过强不仅消耗电力，还易造成液面不稳或翻花，增加矸石带入泡沫的几率，使精煤灰分增高。

实践证明，浮选机的充气量不是越大越好，而是要根据具体生产条件提出不同要求。充气量可用开关进气口的大小或循环孔的多少来调节。

4. 刮取泡沫

刮取泡沫影响浮选产品的质量和浮选机的处理能力。正常的煤泥浮选是从优质高速开始的，为此，前段泡沫层厚、灰分低，应多刮；随着浮选过程的进行，泡沫层变薄，灰分升高，刮泡量应相应减少。

在液面的矿化泡沫中，表层气泡出现了兼并和破灭，同时向下的水流带走气泡上粘附不牢的颗粒。在泡沫层中进行的这种清洗和优化过程称为二次富集作用。泡沫层的厚度与泡沫生成的速度有关，也与泡沫的稳定性有关。在浮选过程中，应根据入选原料的性质和产品质量的要求,选择有利的泡沫层厚度。泡沫层越厚,粗颗粒从泡沫层中落下的可能性越大;泡沫层越薄,将使二次富集作用完全消失。

就整个泡沫层来说,上层质量较好,底层质量较差;上层粒度较细,底层粒度较粗。因此,如果产生的泡沫立即刮出,则浮选机的处理能力强,但精煤灰分高;如果刮取泡沫的深度小,则浮选机的处理能力弱,精煤灰分低。刮板应缓慢地将泡沫带出,才不致破坏泡沫层的稳定性。刮泡速度可用增加刮板叶片的方法提高,刮泡深度靠调整矿浆液面的高度来实现。

5. 药剂制度

药剂制度包括药剂种类、数量、配比、加药方式(一次加入或多次加入)和加药点等(吴永亮,2007)。

药剂用量主要取决于药剂和煤泥的性质,性能好的药剂用量少,不同可浮性的煤用药量也不相同。

煤浆中捕收剂的浓度增加时,能提高浮选速度,即能提高浮选机的处理能力。但当捕收剂的用量过多时,就会降低颗粒的选择性,使矸石颗粒带入泡沫中,增大精煤灰分。起泡剂的用量主要取决于煤浆中输入的空气量、煤浆的浓度等。输入的空气量多,相应起泡剂用量应大一些。若起泡剂的用量过少,会使所产生的泡沫有脆性,能获得低灰的精煤,但尾煤的灰分也降低了;而起泡剂的用量过多,则会使泡沫发黏,也会降低浮选效果。非极性油类药剂在矿浆中不但有利于提高浮选速度,且能大大降低油耗。另外,药剂和矿浆要有一定的接触时间,以使分散的药剂粘附在煤粒上。

加药方式分一次加药和分段加药。一次加药是所用药量一次加入搅拌桶,这样会加快浮选的起始速度,但可能降低选择性,影响精煤质量。同时,大部分药剂随泡沫产品从前段刮出,常出现后段药剂不足,致使精煤和尾煤的质量都难以保证。分段加药是把所用药量一部分加入搅拌桶,另一部分分别加入几个浮选槽。分段加药方式能有效地控制和调整浮选速度、保证精煤质量、提高精煤产率、有效发挥药剂的作用、降低药剂消耗量,所以目前多数采用这种加药方式。

选煤厂广泛采用阀门人工调节给药量,但若调节不及时,用量不准确,则浪费较大,效果也不好。近年来,有些厂采用了自动加药装置和矿浆准备器,随着给矿量和浓度的变化,自动跟踪加药并进行乳化,从而降低药耗,改善浮选指标。

6. 浮选流程

浮选流程取决于煤泥的性质和对产品的质量要求。煤泥的可浮性差、产品质量要求高时,宜采用较复杂的流程。随着浮选流程的复杂,显著影响处理能力、药耗、水耗和电耗,并使操作管理困难。

最简单的浮选流程(图 2-25)是由每槽刮取精煤,浮选机的最后一槽排出尾煤,适用于易浮选的煤炭。对于难选煤,可采用后几槽的泡沫产品(中煤)循环再选的浮选流程(图 2-26),将第 5、6 槽(或最后一槽)的泡沫产品(中煤)进行循环再选,由前几个槽刮取精煤,以保证精煤的低灰分和高的尾煤灰分,而在这种情况下浮选机的处理量将会有所减小。

对于很难选的煤炭,必须采用粗选和精选的浮选流程(图 2-27)。这种浮选流程一般在两组浮选机中进行。第一组浮选机的泡沫产品作为粗选精煤,在搅拌桶中经稀释和加药剂后供给第二组浮选机进行精选。第二组浮选机的泡沫产品为最终精煤。第一组和第二组浮选机的尾煤可以合起来作为最终尾煤,也可以分别出尾煤和中煤。

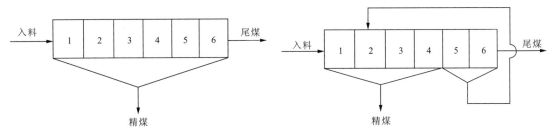

图 2-25　最简单的浮选流程
(据吴式瑜等,2003)

图 2-26　部分精煤回选的浮选流程
(据吴式瑜等,2003)

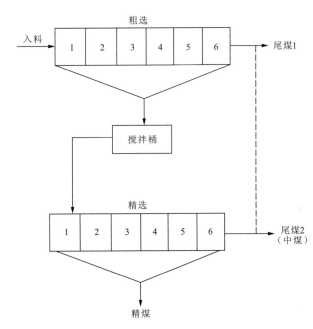

图 2-27　精煤精选的浮选流程
(据吴式瑜等,2003)

在选择浮选流程时,同时要考虑各组浮选机的室数。国内选煤厂的浮选机多由 6 室组成。浮选机的室数主要由浮选时间来决定。选煤厂采用一次浮选的 6 室浮选机,若后两室的泡沫产品很少,说明对易选煤可采用 4 室或 5 室一组的浮选机,这不仅可减少设备,还可提高浮选机的处理能力,节约电力。如果浮选入料中小于 200 目的含量较多且多为泥质时,由于其浮选速度快,往往混入精煤中影响精煤质量,在浮选前可用分级设备脱除这部分细泥,然后再浮选。

第三章 动力配煤

第一节 动力配煤的概念及其意义

在我国,每年用于直接燃烧的动力煤占煤炭总消费量的80%,由于品种繁杂且质量不均一,供煤质量与用煤要求严重不符,致使我国燃煤效率低、污染严重。改变这一现状切实有效的技术途径之一就是发展动力配煤技术。

动力配煤是以煤化学、煤的燃烧动力学和煤质测试等学科及技术为基础,将不同类别、不同性质的煤经过筛选、破碎和按比例配合等过程,改变动力煤的化学组成、物理性质和燃烧特性,生产出性质完全不同的"新煤种",实现煤质互补,优化产品结构,满足不同燃煤设备对煤质的要求(陈文敏等,1999)。通过动力配煤,既可以充分发挥单煤种的煤质优点,又克服了单煤种的缺点,从而达到提高燃煤效率、节约煤炭和减少污染物排放的目的。

任何类型的锅炉和窑炉对煤质均有一定的要求,要保证锅炉正常高效运行,必须使燃煤特性与锅炉设计参数相匹配,煤质过高或过低都难以达到最佳效果。煤质过高,"良材劣用",既浪费资源又增加了生产成本;煤质过低则锅炉难以正常运行。采用动力配煤技术可以通过优化配比,取其所长、避其所短、物尽其用。在满足燃煤设备对煤质要求的前提下,采用动力配煤技术可最大限度地利用低质煤,充分利用当地现有的煤炭资源。

除了燃煤特性要与锅炉设计参数相匹配外,燃煤质量的稳定与否对锅炉的正常运行也有很大的影响,而以"均质化"为核心的动力配煤技术对煤质的波动具有很强的调节和缓冲作用,能够为用户提供质量稳定、均匀,符合燃烧与环境保护要求的煤炭。

总之,动力配煤技术可以做到:①保证燃煤特性与锅炉设计参数相匹配,提高锅炉热效率,节约煤炭资源;②通过"均质化"以保证燃煤质量的稳定,使锅炉(窑炉)正常、高效运行;③充分利用低质煤或当地现有的煤炭资源;④调节煤炭中硫及其他有害物质的含量,满足环保要求。

第二节 动力配煤的基本原理

一、动力配煤的主要指标

配煤是将几种不同质量的煤种以物理方法混合,从而改变配煤质量。研究配煤的基础就是要分析与燃烧有关的煤炭的主要性质在配煤中的变化规律。结合煤的燃烧理论,衡量动力配煤质量的主要指标有以下几项(吕一波等,2007)。

1. 发热量

煤的发热量是评价煤质的一项重要指标,作为动力用煤,一般以较高发热量的煤为宜。煤的发热量应与锅炉炉型相适应,发热量过高或过低均会给锅炉的运行带来不利的影响。煤的发热量的表征方式有多种,在实际应用中普遍采用的是收到基低位发热量($Q_{net,ar}$),主要反映了煤中可利用热能的大小,其测定也比较简单。

2. 挥发分

挥发分是煤中的可燃、易燃成分。一般来说,煤的挥发分越高,煤越容易着火和燃尽,在发热量相同的情况下,燃用挥发分高的煤,锅炉的热效率也会较高。挥发分是评价动力煤的重要指标,常采用干燥无灰基挥发分(V_{daf}),其测定方法比较简单可靠。

3. 灰分

灰分是煤中的不可燃成分,在燃烧时会分解吸热,还会形成灰壳,使固定碳难以燃尽,降低锅炉的热效率。此外,灰分的大量排放对环境会造成很大的压力,煤中的很多有害成分均富集于灰中,所以对动力煤的灰分必须加以限制。灰分的测定简单,易实现在线检测,常采用干燥基灰分。

4. 全硫分

硫是煤中的有害成分,是燃煤过程中重要的污染源。在煤燃烧时,其中的硫分将腐蚀锅炉尾部受热面,降低锅炉寿命,而排放到大气中又会形成酸雨。通常采用干燥基全硫含量,对动力煤的硫含量须加以限制。

5. 水分

水分的影响既有利也有弊。适量的水分可将煤屑、煤粉与煤块粘附在一起,防止粉屑飞扬和下漏,提高煤的利用率。同时,水分蒸发后煤层疏松,可均匀通风,有利于煤的燃烧。但水分过高,发热量必然降低,降低炉温使煤不易着火,同时还增加排烟损失,降低锅炉热效率。

6. 煤灰熔融特性

煤灰熔融特性是评价煤灰是否容易结渣的一个重要指标,一般用变形温度(DT)、软化温度(ST)、半球温度(HT)和流动温度(FT)来表征(图 3-1),其中常用的是软化温度。煤灰软化温度是煤灰开始熔融的温度,当炉膛温度达到或超过这一温度时,煤灰就会结成渣块,严重影响锅炉的正常运行。因而动力煤常对煤灰熔融性作出规定,但是其测量的设备较为昂贵,方法复杂,因而一般将其作为参考指标。

图 3-1 煤灰熔融温度示意图

二、主要质量指标的可加性

(一)线性可加性

1. 定义

任意给定 n 种单煤,按照 $X_1, X_2, \cdots, X_n$ 的比例配合得到配煤 P,对于某煤化参数 A,如果满足:

$$A_1 \times X_1 + A_2 \times X_2 + \cdots + A_n \times X_n = A_p$$
$$X_1 + X_2 + \cdots + X_n = 1$$

式中:$A_1, A_2, \cdots, A_n$——各煤煤化参数 A 的指标;

$X_1, X_2, \cdots, X_n$——各煤的配煤比例,煤化参数 A 具有线性可加性。

2. 性质

(1)如果煤化参数 A 具有线性可加性,则任意不等于零的常数 C 与它的乘积 $C \times A$ 也具有线性可加性。

(2)如果煤化参数 A、B 具有线性可加性,那么 A、B 的线性组合后得到的煤化参数 C 也具有线性可加性。

(3)如果煤化参数 A、B 具有线性可加性,那么 A、B 的非线性组合后得到的煤化参数 C 一般不具有线性可加性。

(二)煤质指标的可加性

(1)配煤挥发分。配煤挥发分是考核配煤质量的首要指标。这是由于工业锅炉和窑炉的燃煤挥发分必须大于 20%,某些大型的锅炉要求挥发分大于 25% 甚至 30%。若配煤挥发分达不到要求,将会影响配煤的燃烧效率,降低锅炉的热效率。根据配煤试验,所有配煤的实测挥发分均低于其理论计算值,其偏差一般不超过 2%。所以在配煤时,挥发分的下限值应比要求值提高 2% 才能满足需要。

(2)配煤发热量。配煤发热量是配煤质量的重要指标。大多数配煤的发热量的实测值均比各单煤加权平均的理论计算值略高,其数值并不十分明显,主要是由于不同挥发分含量的煤种在发热量测量时的燃烧、燃尽特性不同而导致的实验测量偏差。

(3)配煤灰熔融温度。配煤的煤灰熔融性特征温度是否具有较好的可加性,主要取决于其单煤煤灰的组成成分(Al_2O_3,CaO,SiO_2 等)。如在各种单煤的煤灰成分不十分特殊的情况下,配煤灰熔融温度一般具有较好的可加性,实测温度和理论预测温度两者的偏差都不超过 50℃。

(4)配煤灰分。配煤的实测灰分与其理论计算值的差异基本在 ±1% 以内,且正、负偏差的概率基本一致,表明灰分具有较好的可加性。其偏差的来源有单煤和配煤在测量过程中产生的偏差,也有在配煤称量及混匀过程中产生的偏差。

(5)配煤硫分。配煤的实测干基全硫含量与其理论计算值之差均在 0.2% 以内,表明该指标也具有很好的可加性。

第三节 配煤方案的优化

配煤方案的确定是动力配煤技术的基础,方案的优劣决定了配煤技术水平的高低。在我国,最初开展动力配煤时并未给予充分的重视,特别是一些小的配煤生产线只是根据简单煤质指标凭经验进行配煤,给人造成了动力配煤技术含量低的错觉。20 世纪 80 年代中期,一些科研院所进行了动力配煤优化配方及其深化研究,利用线性规划原理进行了最优化计算,并编制了相应的计算机软件,使得动力配煤技术水平开始有所提高。采用传统的人工进行配煤很难达到配煤成本最低的最优化配方,而用计算机进行配煤方案的优化完全能使配煤企业达到配煤成本最低、经济效益好的优化配方,还能取得良好的社会效益和经济效益。动力配煤优化方案的实质是在完全满足约束条件下求解出目标函数的极值问题,具体可概括为提出约束条件、确定目标函数和求解 3 个步骤(陈文敏等,1999)。

一、提出约束条件

假设有 n 种单煤,要配置具有 m 个技术指标 T 的动力配煤。若第 j 种单煤($j=1,2,3,\cdots,n$)分析得到的第 i 个指标($i=1,2,3,\cdots,m$)为 T_{ij},而第 j 种单煤在配煤中的百分率为 X_j,那么用这 n 种单煤配制的第 i 个技术指标 T_i 的计算式为:

$$T_i = \sum_{j=1}^{n} T_{ij} X_j$$

如果适合的第 i 个技术指标 T_i 的上限为 A_i,下限为 B_i,那么配制的 T_i 就必须在 $A_i \sim B_i$ 之间,即:

$$B_i \leqslant T_i = \sum_{j=1}^{n} T_{ij} X_j \leqslant A_i$$

既然是配煤,那么 n 种单煤的配比之和须满足:

$$\sum_{j=1}^{n} X_j = 100\%$$

并且各种单煤的配比须为正值:

$$X_j > 0$$

此外,还需要限制煤场中优质稀缺单煤种的配比。若在计划周期内配煤 S 吨,但第 j 种优质单煤种只有 H_j 吨,为了保证配煤计划的完成,须控制第 j 种单煤占配煤的比例 X_j,即:

$$X_j \leqslant \frac{H_j}{S}$$

以上就是动力配煤的约束条件,实际上就是一个具有 n 个未知数的线性方程组。由于配煤的技术指标通常有一浮动范围($A_i \sim B_i$ 之间),故一般能满足这些约束条件的解有多组,都称为"可行解"。那么究竟该选择哪个解呢?这就是优化目标的问题。

二、确定目标函数

目标函数的确定是依据实际情况,针对要达到的目标而确定的。

1. 追求配煤的成本最低

对动力配煤场来说，都需要尽量提高经济效益，因而降低配煤的成本应当是配煤企业追求的一项重要经济目标。

假设 n 种单煤相配，第 j 种单煤的成本价为 C_j，其配比为 X_j，则配煤的成本价为 $\sum_{j=1}^{n} C_j X_j$。为了提高配煤企业的经济效益，应追求其成本最低，即：

$$\min Z = \sum_{j=1}^{n} C_j X_j$$

2. 追求优质高价煤的配比最小

优质煤种的价格往往较高，在配煤中的比例过高会降低其经济效益，因而在优化配方中尽量少用优质煤，以保证能生产出质量合格的动力配煤，又能使配煤成本达到最低，为配煤场取得最佳的经济效益。

若第 j 种单煤为优质煤，其配比为 X_j，在充分满足约束条件的前提下，应尽量追求其配比最小：$\min Z = X_j$。

3. 追求低质廉价煤的配比最大

目前在我国优质煤价位较高的情况下，应尽量多用当地价廉的低质煤，以最大限度地提高配煤的经济效益。

若第 j 种单煤为资源丰富、进价低、供货有保障的单煤，为了使它尽量多掺配，应追求其配比最大：$\max Z = X_j$。

综合上述要求，可将动力配煤的优化方案的数学模型归纳为（吕一波等，2007；陈文敏等，1999）：

约束条件
$$\begin{cases} \sum_{j=1}^{n} T_{ij} X_j \leqslant A_i & \text{（配煤的第 } i \text{ 个指标不能大于其上限值）} \\ \sum_{j=1}^{n} T_{ij} X_j \geqslant B_i & \text{（配煤的第 } i \text{ 个指标不能低于其下限值）} \\ X_j \leqslant \dfrac{H_j}{S} & \text{（数量不足的单煤配比不高于其占配煤计划量的比例）} \\ \sum_{j=1}^{n} X_j = 100\% & \text{（总配比之和需达 } 100\% \text{）} \\ X_j > 0 & \text{（各单煤的配煤不能为负值）} \end{cases}$$

目标函数
$$\begin{cases} \min Z = \sum_{j=1}^{n} C_j X_j & \text{（追求成本价最低）} \\ \min Z = X_j & \text{（追求优质煤种配比最小）} \\ \max Z = X_j & \text{（追求低价煤种配比最大）} \end{cases}$$

三、优化方案的求解

确定数学模型后，剩下的就是如何求解，这是一个纯数学的问题。求解的方法有很多种，较常用的有单纯形法和图解法，并有较多单位编制了相应的计算机软件。

四、工艺流程

动力配煤生产线的工艺流程一般包括原煤收卸和化验、分品种入库堆放、计算配比、原煤取料输运、筛分破碎、混合掺配、抽样检测、优化配方、仓储或外运等。

第四节 配煤炼焦

一、煤的炼焦过程

煤的炼焦过程也就是高温干馏(高温热解)过程。将具有一定黏结性的单煤或配煤在隔绝空气的条件下加热至950~1050℃,可以得到固态产物——高温焦炭、煤气和化学产品的过程称为煤的炼焦过程(张振勇等,2002)。

炼焦过程的各种产物均有重要用途,焦炭主要用于高炉炼铁、铸造炉化铁、工业造气等;煤气是高热值的气体燃料,可供工业用和民用,也可作为合成氨的原料气;而化学产品,如苯、酚等都是重要的化工原料。

(一)炼焦过程的 6 个阶段

煤的热解过程是一个复杂的物理化学过程,它既服从于一般高分子化合物的分解规律,又有其依据煤质结构而具有的特殊性,通常大致可分为以下 6 个阶段(刘鹏飞,2004)。

(1)干燥和预热。加热温度在 200℃以前是煤的干燥和预热阶段,同时析出吸附在煤中的挥发分气体。这一阶段主要是物理变化,煤质基本未变。

(2)开始分解。200~350℃时煤开始分解。由于化学链的断裂和分解,产生气体和液体,主要有化合水、CO_2、CO、CH_4 等气体和很少量的焦油蒸出。

(3)生成胶质体。350~450℃时由于化学链的断裂生成大量的液体、焦油蒸气和固体微粒,并形成一个多分散相的胶体系统——胶质体。

(4)胶质体固化。450~550℃时胶质体中的液体进一步分解,一部分以气态析出,一部分固化并与 C 原子平面网格结合在一起,生成半焦。

(5)半焦收缩。550~650℃时半焦继续析出气体而收缩,该过程同时产生裂纹。

(6)生成焦炭。650~950℃时半焦进一步析出气体,主要是 C 原子平面网格周围的氢析出。半焦继续收缩,平面网格间缩合变紧,最后生成焦炭。

煤的开始分解、胶质体生成及固化温度都因煤种的不同而异:随着煤变质程度的加深,开始分解的温度、胶质体固化的温度升高。

(二)成焦机理

上述是煤的热解过程的一般描述分析,整个成焦过程可分为两大阶段,即黏结阶段和收缩阶段,相应阶段的机理分析如下。

1. 黏结机理

实验表明,具有黏结性的煤在热解过程中都有胶质体形成,从煤开始热解到半焦形成,为结焦的第一阶段——黏结阶段。在此阶段由于煤大分子剧烈的分解,所生成的液相超过了由于蒸馏、聚合、缩合反应所消耗的液体,因而液相不断扩大,并分散在固体颗粒间。随着热解的继续进行,整个系统发生剧烈的聚合、缩合反应,液相不断减少,气体不断产生,胶质体黏度急剧增加,直至液相最后消失,把各分散的固体颗粒黏结在一起而固化形成半焦。

中变质程度的煤(肥煤、焦煤),侧链长度适当且含氧少,热解生成的液体多,热稳定性好,黏度适中,有一定的流动性和膨胀压力,能形成均一的胶质体,黏结性好,适合炼焦。除了煤本身的性质外,各种工艺条件对煤的黏结性也有一定的影响。

2. 收缩机理

胶质体固化后,继续加热将进一步分解,并发生强烈的聚合、缩合反应,这也是焦炭收缩的根本原因。随着分解的进行,气体不断析出,碳网不断缩合,胶质变紧和失重,体积减小。碳网的缩合、增长是收缩阶段的主要特征。

焦炭是具有裂纹的多孔焦块,其质量取决于焦炭多孔材料的强度和焦块中的裂纹。焦炭的裂纹是由于收缩不均匀,有阻碍均匀收缩的内应力所造成的,其阻碍收缩的过程越显著,收缩过程的内应力越大,焦炭中越容易形成裂纹网。

随着温度的升高,碳网尺寸增大,700℃以后,由于缩合反应剧烈,碳网迅速增大,且在空间的排列愈大愈规则,趋向于石墨化结构,最终形成具有一定强度的焦炭结构。

二、焦炭的种类

焦炭通常按用途分为冶金焦(包括高炉焦、铸造焦和铁合金焦等)、气化焦和电石用焦等。

1. 冶金焦

冶金焦是高炉焦、铸造焦、铁合金焦和有色金属冶炼用焦的统称(刘鹏飞,2004),其中主要是用于高炉炼铁的高炉焦(占90%以上)。

高炉焦在高炉中的作用主要有以下几个方面:①作为燃料,提供矿石还原、熔化所需的热量;②作为还原剂,提供矿石还原所需的还原气体CO;③对高炉炉料起支撑作用,并提供一个炉气通过的透气层;④供碳作用,生铁中的碳全部来源于高炉焦炭,约占焦炭含碳量的7%～10%。

2. 气化焦

气化焦是专门用于生产煤气的焦炭,主要用于固态排渣的固定床煤气炉内,作为气化原料,生产以CO和H_2为可燃成分的煤气。气化焦要求灰分低(<15%)、灰熔点高(>1250℃)、块度适当和均匀,通常固定碳含量大于80%,挥发分小于3.0%。

3. 电石用焦

电石用焦是在生产电石的电弧炉中作导电体和发热体用的焦炭。电石用焦应具有灰分低、反应性高、电阻率大和粒度适中等特性,还要尽量除去粉末和降低水分,一般应符合以下要求:固定碳大于84%,灰分小于14%,挥发分小于2.0%,硫分小于1.5%,水分小于1.0%,磷分小于0.04%,粒度根据电弧炉的容量而定,其粒度合格率要求在90%以上。

三、配煤炼焦的工艺

1. 生产工艺流程概述

焦炭是在炼焦炉内炼成的,在炼焦过程中同时还得到煤气和多种化工产品,炼焦生产过程是一个煤炭综合加工的过程(图3-2)。

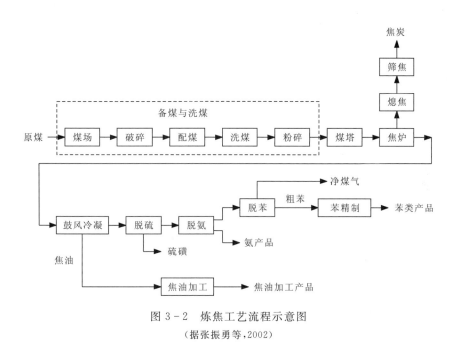

图3-2 炼焦工艺流程示意图
(据张振勇等,2002)

2. 炼焦用煤的准备

炼焦用煤的准备简称备煤,是炼焦生产的重要部分。为了保证炼焦生产有足够数量和质量合格的煤料,焦化厂都设有备煤车间,担负炼焦用煤的准备工作。

常规备煤工艺通常包括原煤的接受、原煤的储存、粉碎和配煤等工序,必要时还需要采用特殊的装炉煤预处理工艺技术,以改善焦炭的质量。

3. 炼焦生产及焦炉

炼焦是装炉煤在焦炉炭化室内经过高温干馏转化为焦炭及焦炉煤气的工艺过程。现代炼焦生产在焦化厂炼焦车间进行,炼焦车间一般由一座或几座焦炉及其辅助设备组成。

焦炉是焦化厂的核心设备,现代焦炉的炉体由炉顶、炭化室和燃烧室、斜道区、蓄热室及烟道等组成(图3-3)。其最上部是炉顶,炉顶之下为相间配置的燃烧室和炭化室。斜道区位于燃烧室和蓄热室之间,是连接燃烧室和蓄热室的通道。烟道设在焦炉的基础内或基础两侧,末端通向烟囱。

四、配煤炼焦的新工艺与发展方向

常规式炼焦炉炼焦过程的特点是成层结焦和单向供热,炼焦过程中煤料的升温速度恰好

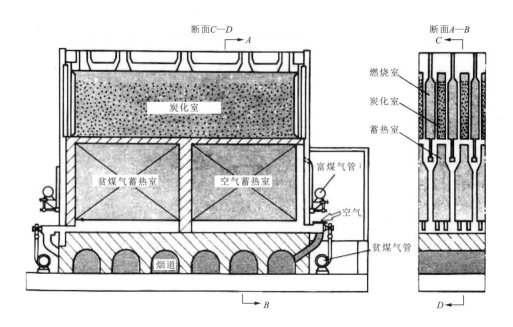

图 3-3 焦炉结构示意图
(据张振勇等,2002)

与所要求煤料的合理升温速度相反,使得炼焦煤源受到了很大程度的限制,尤其限制了弱黏结性煤的使用。

常规炼焦的这种局限性,与目前炼焦用煤的短缺以及对焦炭质量要求的日益提高形成了鲜明的对比。于是,人们开始重视对炼焦新工艺和新技术的开发,以期扩大炼焦配煤的途径,改善焦炭质量。目前研究人员已做了大量的工作,并取得了一定的成效,而且还在继续研究中(表3-1)。

表 3-1 配煤炼焦工艺新技术(据张振勇等,2002)

原理	工艺技术
改进煤料粒度分布	控制细度;选择粉碎
增加堆密度	渗油;捣固;装炉煤干燥、预热;型煤混装
增加煤料胶质体	干燥、预热;添加黏结剂
减少收缩裂纹	添加瘦化剂

今后我国的配煤炼焦除了满足焦炭大量出口外,重点是要配合我国钢铁工业的发展,满足对高质量焦炭的需求,必须根据我国煤炭资源的实际情况,采取切实可行的措施,因地制宜地发展炼焦新技术。

大力发展捣固、配型煤、干熄焦和煤调湿技术,提高焦炭质量,减轻或消除环境污染,多利用弱黏性煤种,将是我国炼焦工业的重要发展方向。

第四章 型 煤

第一节 型煤概述

一、型煤的产生与发展

型煤的产生首先是从民用开始的，2200多年前由中国发明。在西汉炼铁遗址中，发现了直径约16cm、高8cm的圆柱形型煤。

早在18世纪，人们便以黄土等作黏结剂，手工制作煤球、煤砖或煤饼作为民用燃料。在19世纪40年代的欧洲，人们已经开始了细粒煤的造粒。在法国和英格兰，人们已经开始用细颗粒的硬煤进行团矿造粒，其中要加入易燃的起黏结作用的物质。在德国，诞生了一种新的块状燃料的生产方法，即不需加入黏结剂，用适当的高挥发分的泥炭和褐煤生产块状燃料。因此，两种互不相关的粉煤成型技术发展起来了：在英格兰和法国，硬煤的有黏结剂成型；在德国，泥炭和软褐煤的无黏结剂成型。到此，现代意义上的型煤技术产生了（徐振刚等，2001）。

我国型煤技术的发展比较缓慢，起步也较晚。新中国成立前，只有德国人在上海留下的一个小煤球厂和日本人在东北留下的一些破旧煤球机。新中国成立后，型煤技术起初也并没有为人们所重视。直到1954年，北京、上海等地利用国产设备建起了我国第一批民用煤球厂。1956年，北京开始生产手工蜂窝煤，1958年，我国才制造出类似于日本式的蜂窝煤机。60年代到70年代，国内开展了大规模的民用型煤研究。1978年研制出了以无烟煤为原料的上点火蜂窝煤，1980年研制出了以烟煤为原料的上点火蜂窝煤及易燃民用手炉煤球、火锅炭及烧烤炭等，从而使型煤向易燃、高效、洁净的方向迈出了可喜的一步。目前，全国民用型煤的年销量在4000万吨以上。

我国的工业型煤起步更晚。所谓工业型煤，是指生产的型煤用于工业生产部门作为燃料或原料，主要包括锅炉型煤、气化型煤、机车型煤以及炼焦型煤等（徐振刚等，2001）。

1. 气化型煤

20世纪60年代，为解决化肥厂造气用焦炭和无烟块煤供应不足的问题，我国开发了多种型煤工艺，生产的型煤提供了全国化肥行业60%左右的气化原料。直到目前，仍广泛采用石灰炭化煤球等作为化肥制气的原料。70年代，煤炭科学研究总院北京煤化学研究所开发的腐植酸煤球已用于10余家小化肥厂。纸浆废液、黏土煤球和清水煤棒等型煤，已在氮肥厂及其他行业的煤气发生炉、工业窑炉上推广应用。

北京煤化所研制的钙系复合黏结剂煤泥防水煤球，适用于水煤气两段炉气化，为年产上千万吨级煤泥的有效利用开辟了新途径。鞍山热能研究院曾对冷压成型氧热处理工艺进行研究,以焦油或焦油渣作黏结剂,在氧热处理温度为160～350℃条件下生产气化型煤。

2. 锅炉型煤

1964年在唐山建成一条锅炉型煤生产线,生产能力为1.2万t级,其后,北京市煤炭总公司百子湾煤球厂、门头沟综合厂分别建成年产8万吨和1.2万t的型煤生产线,1986年山西大同建成年产5万t的型煤厂。"七五"期间,我国在褐煤、烟煤、无烟煤成型技术及配套设备的开发方面取得了新的进展,建成了邯郸、洛阳、重庆梨树湾3座工业锅炉型煤示范厂,总能力为55万t。

锅炉型煤生产分为集中成型和炉前成型。后者成型工艺简单,通常无需加黏结剂,不用烘干,使型煤生产成本大幅度降低,受到了越来越多的用户欢迎。近年来,由浙江大学设计、浙江燃料设备厂生产的炉前成型设备,应用于浙江麻纺厂等单位,取得了良好的效益。在此基础上,西安交通大学、兰州环保设备厂生产的炉前成型机,在兰州地区已有100多家单位应用,同样取得了良好的效果。此外,河南新乡煤机厂、石家庄华兴金属结构厂、航空部黎阳机械公司等厂家生产的炉前成型机也都投入了市场。河南新乡、开封,河北石家庄,广西柳州,贵州等省市在4t/h以下的链条炉上亦有比较成熟的一机一炉成功运行经验。

3. 机车型煤

早在20世纪30年代,我国东北地区就曾在小范围内用过机车型煤。1964年,原煤炭部唐山煤炭研究所研制的型煤,在古冶机务段进行了第一次机车烧型煤试验,其后又在齐齐哈尔、北京等地进行试烧。1983年,在鹤岗机务段建成年产3万t的型煤中试厂,随后又建成日产能力80t的苏家屯机车型煤试验厂和锦州机务段小型型煤厂。1987年,棋盘机务段机车型煤示范厂建成并投产,其设计能力为20万t,建厂投资450万元。机车型煤使用的黏结剂为焦油、煤焦油沥青或石油沥青,生产过程中有一定的污染,型煤生产成本较高。随着蒸汽机车逐渐被淘汰,机车型煤的研制与生产逐渐减少,目前已基本停止。

4. 炼焦配用型煤

我国自20世纪50年代开始进行高炉冶炼用型焦的研究工作。据1987年统计,有14个省35个企业进行了型焦研制和应用,其中十几个厂的设备能力都可达1～2万t级。广东龙北钢铁厂$30m^3$高炉和四川万福钢铁厂$73m^3$高炉,至今一直使用型焦炼铁;云南澜沧江冶炼厂也一直应用褐煤型焦炼铅。上述型焦生产都属于冷压工艺,多采用焦油、沥青作黏结剂,充分利用当地弱黏结煤和不黏结煤,生产型焦用于冶金等行业。我国冷压型焦技术已积累了相当丰富的经验。

1972年,厦门新焦厂建立了生产能力为2.5t/h的热压型焦生产装置,型焦用于高炉、冲天炉和煤气发生炉。湖北蕲州钢铁厂、马鞍山钢铁公司建有热压型焦装置,以无烟煤为原料,生产型焦代替焦炭供高炉使用。1994年,鞍山热能研究院在宁夏石嘴山焦化厂建立4万t级型焦生产装置。由于热压成型技术工艺复杂,设备造价高,调控水平较低,操作技术要求高,尚未广泛推广应用。

20世纪80年代以来,尤其是经过"六五"、"七五"、"八五"、"九五"4个"五年计划"的连续攻关,气化型煤和锅炉型煤研究方面分别取得了一系列重大进展。1995年以来,又研制出了一系列高强、防水、免烘干,适合长距离运输的气化和锅炉型煤,使我国的型煤技术达到了一个新水平。

二、型煤的定义与特点

以适当的工艺和设备,可以将具有一定粒度组成的粉煤加工成一定形状、尺寸、强度及理化特性的人工"块煤",这种人工块煤统称为型煤(徐振刚等,2001),这样的加工过程称为粉煤成型工艺。粉煤成型的目的是根据型煤不同用途的需要,克服煤炭天然存在的缺陷,赋予原煤所没有的优良特性,使之符合用户的最佳需求,实现煤的清洁、高效利用。

粉煤成型后与原煤及天然块煤相比,具有下列特点。

(1)粒度均匀。型煤的形状规整,性质均化,粒度均匀,这是任何天然块煤都无法比拟的。

(2)孔隙率大。型煤是由粉煤粒挤压而成,因此型煤的孔隙率比同一煤种的天然块煤明显增大,如表 4-1 所示。

表 4-1 型煤与天然块煤的孔隙率比较(据刘鹏飞,2004) （单位:%）

煤种	天然块煤	型煤
无烟煤	3	12.5
烟煤	5	17.2

(3)反应活性高。型煤与同一煤种的天然块煤相比,反应活性明显提高。几种煤的型煤与其天然块煤的反应活性见表 4-2。

表 4-2 型煤与天然块煤的反应活性比较(据徐振刚,2001)

温度 (℃)	大同煤			老鹰山煤			鲤鱼江煤			重庆煤		
	型煤	块煤	提高*	型煤	块煤	提高*	型煤	块煤	提高*	型煤	块煤	提高*
800				7.77	4.28	0.82	6.35	1.44	3.41	44.6	11.3	2.95
850	8.50	6.05	0.41	11.37	6.82	0.67	7.65	3.16	1.42	66.2	14.4	3.60
900	16.75	9.70	0.73	21.61	15.43	0.40	14.82	6.15	1.41	82.0	19.5	3.21
950	26.50	15.55	0.74	38.62	30.36	0.27	50.98	13.25	2.85	87.9	26.1	2.37
1000	44.75	25.30	0.77	64.66	42.13	0.58	66.77	23.81	1.80	86.9	36.7	1.37
1050	66.90	45.30	0.48	81.05	62.09	0.31	69.19	41.20	0.68	80.8	50.1	0.62
1100	85.90	62.20	0.18	96.73	83.70	0.15	77.33	58.57	0.32	68.8	63.3	0.09

* 为型煤比天然块煤反应活性提高的倍数。

(4)改质优化。型煤可以通过原料煤混配、掺入添加剂、快速加热以及热焖等成型工艺,对原煤起到明显的降黏、阻熔(提高煤的灰熔融性)、改善热稳定性、提高机械强度以及固硫(加工过程中添加固硫剂)等改质优化效果。

三、型煤产品的分类

型煤按用途可分为民用型煤和工业型煤两大类。工业型煤又细分为气化型煤、燃料型煤以及炼焦型煤等,民用型煤主要有煤球和蜂窝煤。我国对型煤产品的分类大致如下(徐振刚,2001)。

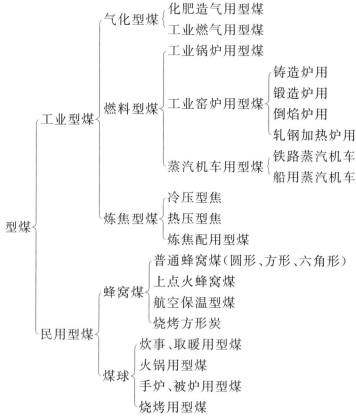

此外,按型煤的形状、成型方式、黏结剂等又可有各种不同的分类方法。

四、发展型煤的意义

1. 发展型煤技术是当今节约能源与保护环境的主导技术之一

型煤作为洁净煤技术的一种,是适合我国的国情,经济实用的技术:一是可以节约能源,提高煤炭利用效率(节煤率可达到15%~23%);二是可以有效地减少环境污染(减少烟尘排放80%~95%,总固硫率54%~74%);三是型煤技术的投资少,建厂周期短,见效快。推广使用型煤是一个很好的发展方向。

2. 发展型煤技术能扩大煤炭资源利用

贫煤、无烟煤是热稳定性较差的煤,在燃烧中很快崩碎成细粒,造成资源浪费和环境污染,通过成型可以改良其热稳定性。

洗煤留下的高灰分煤泥、低发热量的碎页岩难以燃烧,通过型煤技术可以制成燃烧良好的型煤。褐煤和泥炭水分大、发热量低,容易风化,只有通过型煤技术才能投资省、见效快地加以利用。

3. 发展型煤技术可推动技术进步

将煤末、铁矿粉、白云石等炉料,按冶炼的配方要求加上黏结剂,压制成型煤,用直接还原法,将炼焦、烧结两种工序合二为一,进行球团炼铁,可大大减少生产环节,提高燃烧效率,提高高炉利用系数和产铁量,降低生产成本。

在水泥和耐火材料的生产中,把粉碎后的水泥生料和耐火材料按成分比例与煤末混合,加上黏结剂,加工成型煤,再进行煅烧,煅烧后的残渣就是水泥及耐火材料。这种工艺既能增加水泥、耐火材料的产量,又能提高其质量。

第二节 粉煤成型过程分析

一、粉煤成型过程

粉煤成型过程一般分为如下几个步骤(徐振刚等,2001;刘鹏飞,2004)。

1. 装料

经过适当准备(如筛分、破碎、增湿、加黏结剂或添加剂、搅拌等)的粉煤物料进入成型设备的压模以后,煤粒呈自然分布状态,作用在物料上的力只有重力和粒子间的摩擦力,这些力均较小,且粒子间的接触面积也较小,因而此时的系统是不稳定的,在外力 P 的作用下易变形,如图 4-1(a)所示。

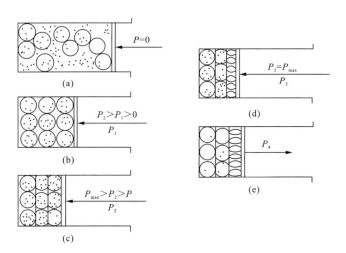

图 4-1 粉煤成型过程示意图
(据徐振刚等,2001)
(a)装料;(b)加压;(c)成型;(d)压溃;(e)反弹

2. 加压

外力 P 开始压缩不稳定系统,粒子开始移动,物料所占的体积减小,此时所消耗的功用于克服粒子的移动、粒子间的摩擦以及粒子与压模内壁的摩擦力。这一阶段的特点是压力增加较慢,物料体积收缩较快,粒子相互之间最大限度地密集。但此时粒子并未发生变形,粉煤能形成具有一定形状的型块,不过强度很差,一碰即碎,如图 4-1(b)所示。

3. 成型

压力 P 快速增加,直至增加到足以使粒子开始变形,而物料体积减小很慢。这一阶段物料体积的减小主要归因于粒子的塑性或弹性变形,但粒子之间仍有相对移动,因此在高压下粒子间的摩擦力对成型过程有很大影响,此时所消耗的功用于克服粒子变形、物料与压模内壁摩擦以及排出系统内的空气。随着粒子相互之间进一步密集,粒子间的接触面大大增加,系统的稳定性接近于天然块状物,如图 4-1(c)所示。

4. 压溃

继续增加外力 P 将导致不坚固粒子的破坏,且外力增加愈大,粒子的破坏程度愈重。此时物料体积只是略有减小,同时系统的稳定性也随之减小,型块的机械强度会下降。这一阶段消耗的功用于克服粒子的破坏和排出系统内的空气。实际生产型煤时,应在此阶段之前结束加压,如图 4-1(d)所示。

5. 反弹

解除外力 P 以后,由于反弹作用,压缩到最大限度的物料型块体积会略有增大,同时粒子之间的接触面积有所减小,系统的稳定性也有所降低,因而成型压力不宜过大,成型过程不宜发展到上面的第四阶段,因为在上面的第三阶段时,反弹力小于型块的机械强度,外力解除后型块仍能保持较好的稳定性。而如果成型压力过大,粒子被压碎过多,型块的内聚力则大为减小,当反弹力增大到型块的机械强度时,型块脱模后会出现裂纹,甚至会膨胀碎裂,如图 4-1(e)所示。

在实际生产型煤的过程中,上述的 5 个阶段往往并不是截然分开的,甚至有时是几个阶段同时发生,关键是要控制成型压力 $P<P_{max}$。

二、粉煤成型的影响因素

以下因素会对粉煤成型过程产生重要影响(徐振刚等,2001)。

1. 煤料的成型特性

煤料的成型特性是影响粉煤成型过程最为关键的内在因素,尤其是煤料的弹性与塑性的影响更为突出。煤料的塑性越高,其粉煤的成型特性就越好。泥炭、褐煤等年轻煤种均富含塑性高的沥青质和腐植酸物质,因而其成型性好,成型效果理想,甚至可以采用无黏结剂成型。随着煤化度的提高,煤的塑性迅速下降,其成型特性逐渐变差。对煤化度较高的煤,一般需添加黏结剂以增加煤料的塑性方可成型。

2. 成型压力

当成型压力小于压溃力时,型煤的机械强度随成型压力的增大而提高。煤种不同,其压溃力也有所差别。最佳成型压力与煤料种类、物料水分和粒度组成以及黏结剂种类与数量等因素有密切的关系。

3. 物料水分

物料中的水分在成型过程中的作用主要有以下几点。

(1)适量水分的存在可以起润滑剂作用,降低成型系统的内摩擦力,提高型煤的机械强度。若水分过多,粒子表面水层变厚,则会影响粒子相互之间的充分密集,反而会降低型煤的机械强度。此外,水分过多还会在型煤干燥时易产生裂纹,因而使型煤容易发生碎裂。

(2)如果采用亲水性黏结剂成型,适量水分会预先润湿粒子表面,从而有利于粒子间相互黏结。如果水分过多,反而会使黏结剂的效果变差。比较适宜的成型水分一般为 $10\%\sim15\%$。

(3)如果采用疏水性黏结剂成型,则水分会降低黏结剂的效果,故此时一般控制物料的水分在 4% 以下。

总之,物料水分应根据实际情况灵活掌握,将其控制在一个最佳范围内。

4. 物料粒度及粒度组成

确定物料粒度及粒度组成时,应遵循下列原则。

(1)保证物料粒子在型块内的排列最为紧密,以提高型煤的机械强度。实践证明,较小的物料粒度有利于粒子的紧密排列。

(2)采用黏结剂成型工艺时,最佳粒度组成应使物料的总比表面最小,粒子间的总空隙也最小,以减少黏结剂用量,从而降低型煤的生产成本。

5. 黏结剂用量

由于大部分煤种的成型性能较差,因而采用黏结剂成型工艺较为普遍。此时,黏结剂用量不仅是型煤强度的关键影响因素,而且对型煤的生产成本有非常重要的影响。从黏结剂固结后的情况来看,增加黏结剂用量有利于提高型煤强度;而从成型过程来看,增加黏结剂用量不利于提高成型压力和型煤强度;再从成型脱模的稳定性来看,增加黏结剂用量也不利于提高型煤强度。因此,一般需要通过试验来确定一个最佳的黏结剂用量。

第三节 型煤黏结剂

型煤黏结剂是粉煤冷压、中低压成型工艺中的技术关键之一,它占据了型煤加工成本的主要份额,同时黏结剂的质量又是型煤质量的重要保证。因此,黏结剂的选择与研究特别重要,世界各国都很重视,均投入了很大的人力、物力,积极研究实用的型煤黏结剂。我国在这方面同样也进行了广泛的研究,并取得了多项成果专利,推动了型煤事业的发展。

一、黏结剂概述

(一)型煤黏结剂的种类

型煤黏结剂种类繁多,从广义上可分为有机类、无机类、复合类三大类(徐振刚等,2001)。

1. 有机类

(1)煤沥青、煤焦油和石油沥青及其残渣。

(2)高分子聚合物:PVA、FAA、PA、PF等。
(3)淀粉类:木瓜、地瓜、土豆、玉米等淀粉和糖蜜、糖渣等。
(4)植物油渣类:葵花籽油渣、棉籽油渣、麻籽油渣等。
(5)动物胶类:利用工业加工后的动物皮革废料熬制的动物胶。
(6)工业废弃物:纸浆废液、含油污水、废轮胎等。
(7)腐植酸盐、木质纤维素。

2. 无机类

(1)土:膨润土、高岭土、黏土、白泥、河泥等。
(2)水泥:指任何能与水化合生成石状物质的一系列水泥。
(3)水玻璃、生(熟)石灰、电石泥、磷酸盐、硫酸盐等。
(4)有些煤矿的顶、底板泥。

3. 复合类

(1)有机物与有机物复合,如煤焦油与纸浆复合。
(2)有机物与无机物复合,如美国用膨润土与聚丙烯酸钠和焦磷酸二氢钠复合。
(3)无机物与无机物复合,如日本用铝水泥与$CaCO_3$、K_2CO_3复合。

复合型黏结剂的掺料之间可起到互补作用,能发挥综合效果,提高黏结剂的多效性,是今后开发新型黏结剂的一个主要方向。

(二)黏结剂的质量要求

(1)用黏结剂制成的型煤要有一定的机械强度,包括初始强度和最终强度;气化型煤还必须要有一定的热稳定性和热强度。
(2)黏结剂要有一定的防潮、防水性能。
(3)黏结剂的性能不影响型煤的使用效果,如燃用型煤不影响燃烧性能,气化型煤不影响气化效果、煤气质量及炉况的可操作性等。
(4)黏结剂的成灰物不宜过大。
(5)有黏结剂成型的型煤要考虑后处理工艺,即黏结剂的性能须考虑型煤后处理工艺要简单易行。
(6)型煤黏结剂不应产生二次污染。

(三)黏结剂的配置方法

配制黏结剂的具体方法步骤如下。首先,根据型煤厂家提供的煤种和型煤用户对型煤技术指标的要求,取煤样到实验室进行科学配制,经多次反复配比和测试,得出初步的黏结剂配方;然后,将初步配制的黏结剂配方拿到型煤厂家,和经过加工的原煤科学匹配、混合搅拌,用成型机加压成型,再用实验室有关仪器仪表加以测试,使其冷热强度、热稳定性、防潮防水性等指标达到要求;最后,把型煤产品拿到用户单位进行试烧,直到满足用户要求,此时型煤厂才可正式投入生产。

一般来说,有机黏结剂和工业废料黏结剂的黏结性能较好,型煤干燥固化以后具有较高的机械强度。其原因在于煤本身也是有机物,因而黏结剂中的有机成分对粉煤颗粒有很强的亲和力,黏结剂能够很好地浸润煤料,甚至会浸透到煤的微孔结构中,干燥固化以后可与煤料紧紧地黏结在一起。但由于这样的黏结剂中的有机物在高温下易分解和燃烧,会使其丧失黏结能力,因此这类型煤的热态强度一般较差。另外,由于有些黏结剂具有一定的吸水性,因而型煤易潮解而失去强度。

复合黏结剂是同时使用至少两种不同类型的黏结剂,利用各单种黏结剂的优点,使其相互取长补短,发挥出最佳的黏结剂效果。特别是近年来随着对高强、防水、含碳量高、成本低、适合较远距离运输型煤需求的快速增长,复合黏结剂越来越受到高度重视,并已成功开发了几种免烘干、强防水的型煤黏结剂。

国内民用型煤用得最多的黏结剂是石灰、黄土、黏土等无机物,可保证足够的灰渣强度;上点火蜂窝煤的点火层、烧烤炭、火锅炭和易燃煤球等,采用淀粉黏结剂,黏结力强而无污染;工业燃料型煤国外多以焦油、沥青等作黏结剂,型煤机械强度高,但在生产及使用中对环境有污染,因此国内除型焦用型煤外,其他工业型煤均不使用;工业气化型煤中使用最多的是石灰炭化煤球,腐植酸煤球、纸浆废液煤球、黏土煤球等也得到了应用。

煤焦油沥青和石油沥青曾是型煤黏结剂中应用时间最长、最广泛的黏结剂,但由于压制型煤的工艺复杂,在制备型煤和使用过程中存在二次污染,近年来仅用于炼焦型煤黏结剂,或与其他黏结剂配合使用在型煤中。

二、有机黏结剂

(一)非水溶性有机黏结剂

1. 煤焦油沥青

煤焦油沥青在欧洲是使用最早的黏结剂。早在1832年,德国人就申请了用煤焦油沥青作型煤黏结剂的专利,带来了技术上的突破。直到1976年,煤焦油沥青一直是最主要的型煤黏结剂。后来,由于各国都颁布了严格的环保条例,以及在其他领域的广泛使用,限煤焦油沥青在型煤生产中的应用受到限制。

作为黏结剂用的煤焦油沥青,本身乃是高度缩聚的碳环和杂环化合物及其浓缩产品,而成为复杂的多相体系。其性质、组成、结构及热处理特性等受焦油质量、加工和制取条件的影响很大。而煤焦油沥青的特性又直接影响其使用效果,因此各国的研究重点都放在了对沥青的改质上,使不同加工条件得到的煤焦油沥青具有最佳的黏结性能及浸润性能。一般是通过加入添加剂的途径来实现"改质"的目的。例如,为了降低硬沥青的软化点,以便于成型物料的捏合,减少沥青用量,日本、苏联、波兰、德国、英国等均采取了在硬沥青中添加粗焦油、重油、蒽油、聚酰胺等软化剂的方法,获得软化点较低的黏结剂,改善了硬沥青的使用性能。

除了对添加剂的研究以外,对成型工艺也有过不少的研究,目的是使沥青能均匀地散布到煤料表面,达到最少的用量和最佳的使用效果。例如,使沥青发泡,或加入环烷酸、磺酸或其碱式盐等乳化剂使其乳化,或提高煤料温度,或成型后进行热处理等。

用煤焦油沥青作型煤黏结剂,具有优越的黏结性能和防水防潮性能,但它也存在着一些公认的缺点,例如,燃烧不完全时会冒黑烟;由于稠环化合物较多,不完全燃烧会带来某些致癌物;沥青中含有少量刺激性物质,人与其长期接触容易发生过敏现象等。

2. 石油沥青

石油沥青可作为煤焦油沥青的代用品。石油沥青比煤焦油沥青的塑性好,燃烧时发烟少。但与煤焦油沥青相比,石油沥青具有以下3个缺点:①含硫量较高,燃烧时产生的 SO_2 较多;②黏度-温度曲线垂度平缓,对温度变化不太敏感,成型后型煤达到一定的冷态抗压强度所需的冷却时间长;③缺乏成焦组分,型煤热强度比焦油沥青型煤低,燃烧时易破碎,对稳定而有效的燃烧有不良的影响。

近年来,人们致力于改进石油沥青与煤焦油沥青相比不足的地方,用作型煤防水剂,与生物质、石灰等作复合黏结剂。日本有报道,用褐煤粉和石油真空干馏的重残渣亚酸盐废液混合,在约 40MPa 压力下成球,1000℃ 温度下炭化,得到的燃料型煤强度可达 48MPa。

我国在石油沥青黏结剂的应用方面很少,国外应用虽然较普遍,但很少单独使用,一般都加入添加剂或与别的黏结剂混用,配以氧化或热处理,提高了石油沥青的使用效果。

(二)水溶性有机黏结剂

1. 淀粉

淀粉是由葡萄糖单元组成的天然高分子化合物,可分为直链淀粉和支链淀粉。从理论上讲,淀粉是不溶于水的,属于非水溶性黏结剂。但是,淀粉在水中随温度上升会膨胀,然后破裂糊化。含有淀粉的水溶液,在加热初期仅产生浑浊,只有达到糊化温度,才会变成非常黏稠的半透明液体。

淀粉的糊化是指破坏团粒结构,导致团粒润胀。在淀粉分子水合和溶解的过程,对于淀粉黏结剂来说,糊化是其必不可少的一步。淀粉的糊化状态能提高黏结剂的黏结能力。一般糊化是通过淀粉在水中加热溶胀来实现的,不同种类的淀粉糊化温度见表 4-3。

表 4-3 淀粉糊化温度(据刘鹏飞,2004)

淀粉种类	玉米种子	大米种子	小麦种子	木薯块根	甜薯块根
糊化温度(℃)	76~65	75	87~78	75	65~66

淀粉有较强的黏结性,型煤中添加 1%~3% 就有很高的强度。中国矿业大学用烧碱处理淀粉制成苛化淀粉,成型时黏结剂用量只需加 2% 即可。德国用淀粉作褐煤、泥炭炼焦型煤的黏结剂,得到的焦炭强度好。泰国科学技术研究院在实验室研究中对褐煤进行干馏,干馏后的固体为粉末状,加入淀粉类物质作为黏结剂成型,型煤形状为中空圆柱状,作民用或小型工业燃料。

用淀粉作黏结剂,其不足之处是缺乏成焦组分、价格较高、防水性差,在这方面也有许多国家的研究者做了很多的研究工作。德国的研究者用添加高分子物质(硅氧烷)或在煤球表面涂防水层(聚乙烯醇溶液浸泡或喷洒)的方法,提高型煤的防水性;用煤粉和有机黏结剂(如淀粉、面粉、纤维素、半纤维素等)及氧化剂混合制成煤球,干燥所得的煤球也有防水性。

2. 纸浆废液(木质素)

纸浆废液用作型煤黏结剂,早在 20 世纪初就已开始尝试,1905 年发明了用造纸黑液生产型煤的第一项专利,但直到 60 年代才进入实用阶段。

纸浆废液作为黏结剂来源广泛,可以废治废,具有较好的环保效益。

纸浆废液根据蒸煮药液的不同分为烧碱法、硫酸盐法及亚硫酸盐法废液;纸浆废液根据制浆原料的不同,分为木浆、草浆和苇浆废液。其主要成分都是木质素及其盐类,此外还含有少量碳水化合物及其盐类等。

从制浆生产中冲洗排出的废液浓度较低,用作型煤黏结剂须先对其进行浓缩。由于废液黏结剂中的有机物质在温度较高时会分解、燃烧或灰化,使其部分或全部丧失黏结性能,单纯使用纸浆废液作黏结剂制得的型煤,热稳定性及热强度都较低。此外,纸浆废液是水溶性的,生产的型煤耐水性差;成型后蒸发固结缓慢,型煤初始强度较低;碱性纸浆废液会降低煤料的结焦性。

针对该类黏结剂的上述缺点,全世界对它的研究都十分活跃,并做了大量的工作。在我国,第一个工业用型煤厂就是用纸浆废液作黏结剂的,后来在广东、湖南、江苏等省的许多中小型合成氨厂都以此作黏结剂来制造合成氨原料煤球。广东江门氮肥厂为了提高煤球的热态抗压强度,在酸性纸浆废液中添加适量黏土,制成复合黏结剂,效果明显,单炉产气量提高了很多。添加适量黏土,不仅热态强度有所提高,满足了合成氨造气的需要,而且纸浆废液用量和浓度都比单用纸浆废液时减少了近一半,节省了纸浆废液的浓缩费用。中国科学院山西煤化所研制的 PS 系列黏结剂就是以纸浆黑液和疏水性成分制成防水性型煤黏结剂,而且完成了烟煤型煤作为锅炉燃料试烧和无烟煤型煤作为气化炉原料试验。用此黏结剂制成的型煤强度和耐水性都很好。

3. 腐植酸类

腐植酸是具有芳香结构、性质相似的酸性物质组成的复杂混合物。它广泛存在于泥炭、褐煤及风化煤中,大部分腐植酸以游离形式存在,可以用强碱抽提。

腐植酸盐黏结剂对煤有很强的亲和力,能很好地湿润煤粒表面,以至能渗入煤的微孔结构中。在成型压力作用下,能黏结煤料,使型煤具有一定的初始强度。型煤烘干后,随水分的蒸发,腐植酸盐能缩成胶体,最后收缩固化,将煤料黏结牢固,使型煤具有较高的强度。热分析结果表明,加热到 900℃时腐植酸中仍有一部分可燃物质残留下来,并可观察到残留物有焦化成块的现象,说明这种黏结剂的热稳定性较好,比纸浆废液型煤具有更好的热态机械强度和热稳定性。

由于腐植酸是由煤炭本身提取的,来源十分丰富,加工工艺也不复杂,近年来世界各国都十分关注,对腐植酸及其盐类黏结剂的加工工艺、性能及应用进行了大量的研究。

我国对腐植酸黏结剂的研究和应用主要集中在化肥行业,用于生产合成氨原料煤球。在广东团煤试验厂、广东化肥工业公司、广东博罗县氮肥厂、浙江桐乡化肥厂、山西忻州地区化肥厂以及北京矿务局等地都采用了腐植酸盐作型煤黏结剂,取得了很好的造气效果。在工业锅炉的应用方面,我国近年来也进行过一些相关研究。

总之,由不同原料制得的腐植酸,其分子量间的差别可达 1000 倍。其中,风化煤所含的腐植酸为再生腐植酸,分子量较大;褐煤和泥炭中的腐植酸为原生腐植酸,分子量较小。用腐植酸盐作黏结剂,型煤的热强度好,但防水性很差。

三、无机黏结剂

用作型煤黏结剂的无机物主要有石灰、石膏、黏土、陶土、水泥、水玻璃、氯化钠等。这些黏结剂的特点是大部分不能燃烧,也不放热,会使型煤灰分增大(徐振刚等,2001)。因此,国外过去只在沥青黏结剂不足时才使用无机黏结剂。但是,无机黏结剂来源广泛,价格比较便宜,具有一定的热强度,有的还具有固硫作用,因而仍然受到各国的重视。特别是在我国的化肥用型煤和民用型煤生产中,无机黏结剂占有很大的比例。

1. 石灰

使用石灰作黏结剂时,一般先将生石灰(氧化钙)消化,使其变成熟石灰(氢氧化钙),再按一定比例与粉煤混合压成生球。生球用二氧化碳处理,使 $Ca(OH)_2$ 转化为 $CaCO_3$,在煤球中形成坚固的网络骨架,从而具有一定的机械强度。因此,用石灰作黏结剂时,用二氧化碳进行处理(炭化)是必不可少的环节。同时,由于石灰中氧化钙是起决定性作用的成分,所以石灰中 CaO 含量最好在 50% 以上,否则就需增加石灰用量。对造气来说,石灰炭化煤球具有孔隙率高、化学活性好等优点。

在我国的小型合成氨企业中,大部分都采用石灰作为黏结剂,生产石灰炭化煤球,用于合成氨造气。在福建、云南的一些小型钢铁厂,还以石灰为黏结剂与无烟粉煤及铁矿粉混合压制冶炼料球。国外对石灰黏结剂应用方面的报道不多,多半是作为添加剂或固硫剂而加以应用的。

2. 黏土

用黏土作黏结剂生产型煤已有很长的历史。即使是现在,我国的民用型煤生产中也有很多采用黏土的,特别是在南方的蜂窝煤生产中,黏土用得非常普遍。

黏土一般含有较多的 SiO_2 成分,少量 Al_2O_3、CaO、MgO 等成分。黏土本身收缩率较大,成型后收缩易产生裂纹,对型煤的冷、热强度不利。为此,国内试验过添加纸浆废液、水玻璃等制成复合黏结剂,在合成氨造气中取得了很好的效果。而采用陶土、黏土作黏结剂生产黏土煤球代替石灰炭化煤球造气,其效果及效益都有提高。

3. 水泥

水泥是不溶于水的无机黏结剂,是优质的胶凝材料。用水泥作黏结剂生产型煤时,需要控制好用量、水分、成型压力及生球的养护方式,否则得不到高强度的型煤。普通水泥一般不具备耐高温性,高温下固结成的水泥石结构会因脱水而降低强度,因此热强度不高。

我国曾研究过用水泥与水玻璃制成的复合黏结剂。由于增加了具有速凝作用的水玻璃,加快了凝固硬化速度,缩短了生球的养护期。这种型煤具有较高的冷、热强度,但降低了型煤的固定碳含量,灰熔融性较低,用于合成氨造气时产气量较低。

四、复合黏结剂

对于有机-无机复合黏结剂的研究,各国都投入了相当的力量。因为这类黏结剂结合了有机黏结剂和无机黏结剂的各种优点,弥补了各自的不足之处,发挥了综合的效果,从而使黏结剂具有多效性,是近年来开发新型黏结剂的一个重要方向(徐振刚等,2001)。实际上,许多黏结剂应用实例都属于"复合黏结剂"的范畴。

日本铃木公司用黏土、纤维素、淀粉、焦油及沥青与金属氧化物或氢氧化物(如氢氧化铝渣泥)作型煤黏结剂。该黏结剂成本低,而且可减少燃烧时的CO排放量,型煤性能良好。美国采用了由98%膨润土、0.5%聚丙烯酸钠及1.5%焦磷酸二氢钠组成的黏结剂,用量5%～8%,型煤各项性能良好。中国科学院山西煤炭化学研究所研制的FG系列黏结剂和煤炭科学研究总院煤炭化学研究所的MJ系列黏结剂均属于复合型黏结剂。

总的来说,使用淀粉类、腐植酸类、生物质类(包括纸浆废液)和无机物作黏结剂,型煤都存在防水性差的问题。淀粉黏结性好、价格较高,可用来生产烧烤型煤等高级燃料,外涂防水剂,因其高效、清洁而有竞争力;纸浆废液和腐植酸黏结剂在我国研究得较多,而且已在小型生产厂中使用,利用它作为黏结剂可以废治废,环保效益好;生物质的应用从日本研究成功煤-生物质复合成型固体燃料以来,主要用作燃料型煤。

型煤黏结剂的研究应与型煤的用途密切结合,不同用途的型煤对黏结剂的性能要求不同;相同的黏结剂因不同的煤种、不同的使用条件,压制的型煤具有不同的性能。因此,型煤黏结剂的研究要具体情况具体分析,尽量做到从性能、价格、来源等方面综合考虑。

第四节 型煤生产工艺

一、型煤生产工艺分类

目前,普遍使用的粉煤成型方法主要有无黏结剂冷压成型、有黏结剂冷压成型及热压成型3种(徐振刚等,2001;刘鹏飞,2004)。

1. 无黏结剂冷压成型方法

无黏结剂冷压成型即粉煤不加黏结剂,只靠外力的作用而成型。许多国家已广泛采用这种方法来制造泥煤、褐煤型煤,作为家庭燃料或工业燃料。对于烟煤与无烟煤,由于它们的煤化度高,其粉煤的无黏结剂成型较为困难。目前,工业上尚未普遍采用无黏结剂成型工艺,但这方面的研究工作世界各国从未中断过,我国合成氨工业使用的清水湿煤棒也属此例。

粉煤无黏结剂成型不需要添加任何黏结剂,不但节约大量原材料,相应地保持型煤的碳含量,而且简化成型工艺等,它是粉煤成型的一个重要发展方向。

2. 有黏结剂冷压成型方法

有黏结剂冷压成型即在粉煤中加入黏结剂再经压制成型。在烟煤、无烟煤等无黏结剂成型较为困难的情况下,工业上普遍采用黏结剂冷压成型方法。目前我国合成氨工业用型煤大部分也都采用这种成型方法,因为在这些煤种的粉煤中加入质量比为5%～20%的适当黏结剂,借助黏结剂的作用,成型压力就可减至15～50MPa,因此在工业上容易实现。但必须指出,由于使用了黏结剂,将会出现下列问题。

(1)降低型煤的固定碳含量,尤其是使用像石灰、水泥、黏土之类无机物时更为明显。

(2)一般来说黏结剂的价格比粉煤贵,虽然使用的数量较少,但也要增加型煤成本。

(3)黏结剂本身需要处理,且还要与粉煤均匀混合,以及后期固结等,使成型工序增加,工艺复杂化。

（4）工业用型煤数量大，黏结剂用量相应也需很多，黏结剂要有充足的来源。

从长远来看，必须加强研究无黏结剂成型方法，当然有黏结剂成型的应用也会不断向前发展。

3. 热压成型方法

非炼焦烟煤（如气煤、弱黏结性煤等）在快速加热条件下黏结性可大为提高，当加热到塑性温度范围内趁热压制，可以在中压下成型，这种成型方法称为热压成型法。采用热压成型方法，可以制得以单一煤种为原料的型焦，可以生产以冶炼为主体的热压料球，也可以生产以无烟煤为主体的热压型煤。

热压成型方法并不需要外加其他黏结剂，只靠煤本身的黏结性而成型，可省去添加黏结剂带来的许多麻烦。实践证明，用这种成型方法制得的型焦或型煤的机械强度高，不仅可以满足合成氨行业的使用要求，而且也适合于中、小型高炉以至大型高炉使用，以代替冶金焦炭作燃料。目前，我国一些中小型钢铁厂、钙镁磷肥厂正在大力研制这种成型方法。从发展方向来看，该工艺具有广阔的发展前景。因此，热压成型方法也是粉煤成型中的一个重要方面。

上述 3 种成型方法是目前型煤的主要生产方法，其用途、特点各异，基本原理、生产工艺等也不相同。粉煤成型技术的构成见图 4-2。

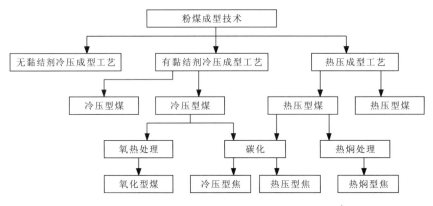

图 4-2　粉煤成型技术的构成

（据徐振刚等，2001）

二、无黏结剂冷压成型

无黏结剂的冷压成型主要用于泥煤、年轻的软质褐煤等低煤化度的煤。无黏结剂成型需要有较高的压力，一般在 100～200MPa。褐煤因其结构疏松、可塑性强、弹性差，所需的成型压力可低一些。

无黏结剂冷压成型不需任何黏结剂，不但节省原材料、工艺简单，还可相应保持型煤或型焦的含碳量。但此工艺需要成型机提供很高的压力，因成型机构造复杂、动力消耗大、材质要求高、成型部件磨损快，其推广使用受到很大的限制。

(一)褐煤的无黏结剂冷压成型

根据煤化度的高低,褐煤可分为土状褐煤、暗褐煤和光亮褐煤3种。其中,土状褐煤最为年轻,结构疏松,容易粉化,刚刚开采出来时的水分含量高达45%以上,热值很低,因而工业价值也低。一些缺煤国家为充分利用褐煤资源,将其制成型煤,以改善煤质,提高使用价值。

要想使褐煤的无黏结剂成型取得满意的效果,必须很好地制备原料并有好的成型机械。所谓很好地制备原料,就是要对褐煤进行破碎、筛分、干燥等处理,并严格控制它的粒度、水分、温度等指标,以保证型煤具有一定的强度。而在成型机械方面,据报道,现在占世界总产量90%的褐煤型煤都是使用冲压式成型机压制而成,只有少部分褐煤型煤是用环式成型机压制而成。

褐煤制取燃料型煤的简要工艺流程如下:

原料煤→破碎、筛分→干燥→冷却→压制→冷却→成品

(1)破碎。破碎的作用除减小煤的粒度外,还可使煤料粒度较为均匀,在成型时可使煤粒紧密接触,成型后强度较高。一般要求将原煤破碎到4mm以下,其中1mm以下的煤粒占60%左右即可。

(2)干燥。对无黏结剂成型,控制原煤的含水量特别重要。因为成型时若含水量少,煤粒就难以滑动,从而阻碍煤粉的相互接近,所需的成型压力也愈高;若含水量过多,无疑会增加煤粒表面水层的厚度,也影响煤粒的相互接近,这就不易压制出坚固的型煤,即使压制成了型煤,也会因型煤中过多的残余水分大量蒸发而产生裂纹,甚至碎裂。

褐煤中含水量约在45%以上,显然不可能使用含有这样高水分的褐煤来制造型煤,成型前必须进行干燥,以除去过多的水分。至于水分究竟剩下多少合适,应根据试验研究来确定。一般认为,如果制作燃料型煤,煤中的剩余水分应在12%~16%之间。如果制作低温干馏用型煤,应在8%~10%之间。当对煤料进行干燥时,不仅可降低水分含量,还可使不同粒度煤中剩余水分分布均匀。

(3)冷却。在什么温度下成型也很重要,适宜的成型温度在60~70℃范围内,这个温度通常比干燥出来的粉煤温度低,因此就需要冷却。冷却的作用,除降低粉煤温度外,也使剩余的水分在粉煤中均匀分布。因为在干燥过程中小颗粒失去的水分要比大颗粒失去的多,整个物料的水分分布是不均匀的,要使水分分布均匀,就需要时间,在冷却过程中可达到剩余水分均匀分布的目的。

(4)压制。冷却到适宜的成型温度后,在冲压式或环式成型机上进行压制。在压制过程中,温度还会升高。

(5)冷却。为了防止型煤自燃,制得的型煤还需冷却,然后才能堆放或储存。

(二)烟煤、无烟煤的无黏结剂冷压成型

长期以来,烟煤和无烟煤的无黏结剂成型被认为是有一定困难的。从泥煤、褐煤到烟煤、无烟煤,随着煤化度的增高,在煤中的氢含量逐渐减少、碳含量逐渐增加的同时,煤的胶团结构愈来愈大,排列更加整齐,煤的硬度、弹性愈来愈高,塑性愈来愈低。因此,成型性能愈来愈差。硬度高的煤种就不易使之产生塑性变形。对于弹性大的煤种,在外力作用下煤粒将产生很大的弹性变形,在外力消除后,型煤将产生很大的弹性膨胀,使结构松散,或脱模后重新破裂。所以一般来说,烟煤、无烟煤的无黏结剂成型要比泥煤、褐煤困难得多,需要较高的成型压力,特

别是无烟粉煤的无黏结剂成型,更是困难。

但是,自然界所有的煤种都是由植物转化而来,尽管煤种有所不同,但它们的有机质都是含碳高分子有机物,本质上没有太大差别。泥煤、年轻褐煤能在中压下直接成型,年老的烟煤乃至无烟煤,也应该能无黏结剂成型,这在理论上是完全可能的。

各种粉煤是否能无黏结剂成型,说到底是粉煤粒子能否紧密结合在一起的问题,即粒子间能否建立起一种使之紧密结合的力的问题,也就是人们通常所说的内聚力。在通常条件下,虽然烟煤、无烟煤并不像泥煤、年轻褐煤那样存在着许多自身黏结剂,但这些粉煤在外力作用下可能出现的内聚力形式也是多种多样的。在成型时,只要提供一些必要的条件,使这些内聚力的建立成为可能,那么烟煤、无烟粉煤的无黏结剂成型也是可能的。

综上所述,烟煤、无烟粉煤无黏结剂成型困难,其根本原因是这些煤种的硬度大、弹性高。综观现代烟煤、无烟粉煤无黏结剂成型的实验研究方法,在克服煤的硬度大、弹性高所造成的困难方面不外乎采取两种途径:一种是采用强制高压的方法,另一种是改善成型方式。

使用强制高压方法的实质是破坏煤粒的弹性,消除它对成型的不利影响。这种方法在国外研究的时间很长,解决的办法也很多。研究的注意力主要集中于高压成型机,以及在高压成型后煤球脱模时如何解决残余弹性变形所积蓄的能量均匀放出和尽可能消除空气的干扰问题(因为空气在高压下被压缩后,当外力消除时也会膨胀而影响型煤质量)。而成型机的成型压力高往往带来构造复杂,动力消耗大,成型部件磨损快,材质要求也高,但生产能力并不一定高等问题,因而型煤的成本高,经济效益不佳。由此可见,强制高压的成型方法有很大的局限性,工业上很难广泛采用,其发展受到一定限制。

在型煤压制的方式上做必要的改进,可以在一定程度上克服煤粒弹性的影响,增加塑性变形,达到成型的目的。一般的成型机不能使煤粒完全压紧,除原料粉煤的粒度、水分等不好控制外,还有下列两个原因。

(1)粉煤受压时,受到煤粒内摩擦的对抗,阻碍煤粒的运动和接近。即粉煤在外力作用下,由于煤粒形状不规则、粒度大小不均匀,粒子接触面和点上有摩擦力存在,大颗粒之间要产生"架桥"而影响粒子的滑动,使粒子之间剩余空隙不能最后填充。

(2)煤粒的弹性障碍。粉煤在承受较高压力下,煤粒彼此紧密接触后再使煤粒扭动。由于煤粒已经紧密接触,再发生扭动,煤粒的表面就会发生适当的剪切变形。这种剪切变形称为切变变形。可以这样来实现煤粒在被压紧后再扭动产生切变变形(图4-3)。

粉煤置于模套中,用两个斜面施压柱来压缩粉煤,开始时施压柱垂直向下移动,使之达到足够的压力,煤粒达到相当紧密接触程度后,施压柱再彼此向相反方向转动,粉煤粒子即可随之产生扭动。这样一来,粉煤内部的"架桥"就会被破坏,内摩擦减少,从而使煤粒进一步接近。同时,由于切变能增加煤粒的塑性变形,而且这种塑性变形产生于煤粒表面,这样就有利于煤粒受压再扭动产生黏结。有些国家进行相应的实验室研究,已取得了显著效果。

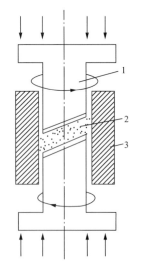

图4-3 煤粒受压再扭动产生切变变形示意图
(据刘鹏飞,2004)
1—施压柱;2—粉煤;3—模套

由此来看,烟煤、无烟粉煤无黏结剂成型的发展途径,除了研制具有较高成型压力的成型机外,还必须着重研究成型方式。成型方式愈加完善,就愈有可能避免使用很高的成型压力,这样工业化生产就大大地简化和容易实现了。

(三)清水湿煤棒

清水湿煤棒是我国无黏结剂无烟粉煤挤压成型的典型例子。一般来说,螺杆挤压成型时物料都要具有一定的塑性,对粉煤而言,实践证明只要粉煤原料选择适当,并加入一定比例的水分,也可能获得较好的挤压成型效果。

清水湿煤棒的生产流程如下:

原料煤→筛分→加水混合→挤压成型→清水湿煤棒

原料煤经筛分,得到的10mm以下的粉煤加水混合均匀。物料含水量人工控制在15%~18%范围内,送入螺杆挤压机中挤压成型。

必须强调指出,并不是所有的无烟粉煤均能制成合乎质量要求的清水湿煤棒。在其他条件相同的情况下,不同的无烟粉煤制得的清水湿煤棒的质量有很大差别(表4-4)。

表4-4 几种无烟粉煤成型的清水湿煤棒质量比较(据徐振刚等,2001)

煤种	粒度(mm)	煤料水分(%)	湿煤棒水分(%)	截面抗压强度(N/cm²)	热稳定性(%)	
					>13mm	<1.5mm
马田煤	0~4	18.1	17.1	340	60.00	5.79
焦作煤	0~4	16.4	14.4	240	64.79	16.20
金竹山煤	0~4	18.2	17.9	300	3.10	30.70

马田无烟粉煤制得的清水湿煤棒的热稳定性比金竹山无烟粉煤制得的清水湿煤棒要好得多,大于13mm的部分相差近20倍。可见,煤种的影响是很大的,煤质较软的煤种或者风化后的煤种塑性强,成型后可得到质量较好的清水湿煤棒,反之塑性差,难以保证清水湿煤棒的质量。

含水量对湿煤棒质量的影响也很大。适宜的含水量可以增强塑性,反之,则减弱。含水量增加,截面抗压强度减小,热稳定性变好。可见水分主要起着改变湿煤棒塑性的作用,因而控制清水湿煤棒中的水分相当重要,这也为出机后的湿煤棒自干燥所证明。

随着存放时间的加长,湿煤棒中的水分不断蒸发,湿煤棒逐渐变干,截面抗压强度逐渐提高,而热稳定性逐渐下降,24h内仍然能保持塑性。如果存放时间过长,湿煤棒变脆,落下强度很快下降。因此,为使清水湿煤棒能保持较好的热稳定性,最好做到随压随用。存放太久以致水分大量蒸发而变干的煤棒不宜使用。

然而,清水湿煤棒的截面抗压强度毕竟较小,粉煤在挤压过程中虽经强烈的摩擦和剪切,但是粉煤颗粒之间并未达到很好的黏结,在使用时又主要利用它具有一定的塑性,所以清水湿煤棒是一种特殊的无黏结剂粉煤成型制品。

三、有黏结剂冷压成型

有黏结剂冷压成型是指将粉煤和黏结剂的混合料,在常温或黏结剂热熔温度下,以较低压力(15~50MPa),借助黏结剂在煤粒表面作为颗粒之间的"桥梁"作用而使颗粒黏结成型。靠黏结剂的作用,使煤粒彼此黏结起来,并且具有一定的机械强度,这样也就避免了所需的高压,因而这种成型方式中黏结剂起着十分重要的作用。

尽管有黏结剂冷压成型工艺使用黏结剂的品种很多,型煤制造工艺流程各有所异,但这种类型的型煤生产过程中都必须包括成型原料的制备、成型和生球固结3个共同的工序(徐振刚等,2001)。其简要生产流程如下:

原料煤与黏结剂→成型原料制备→成型→生球固结→成品型煤

(一)成型工艺的工序

1. 成型原料的制备

成型原料的制备工序由原料煤的准备和黏结剂的准备两个步骤组成,这里只介绍原料煤的准备。成型原料煤的准备目的:一方面使黏结剂有一个良好的分布,以使黏结剂能充分发挥它的效力;另一方面为型煤压制创造一个有利的基础,以便获得较大的成型压力。如果这两个方面的目的都达到了,生球的质量就能得到保证。

成型原料煤的准备一般包括干燥、破碎、配料、混合4个主要环节。

(1)干燥。原料煤干燥的作用在于控制原料煤的适宜湿度,使黏结剂能更好地湿润、覆盖粉煤粒子表面,达到很好黏结的目的。显然,所需要的原料煤干燥程度与使用的黏结剂性质有关。若用疏水性有机黏结剂成型,原料煤的水分含量过大,就不能正常黏结,因此需把原料煤粉的水分干燥至4%以下。若用亲水性有机黏结剂或水溶性无机黏结剂,原料煤水分的控制往往与物料的成型水分有关,通常要求物料具有适当水分以利提高型煤强度,一般成型水分控制在8%~10%。对于使用不溶性无机黏结剂,如水泥、黏土、石灰等,原料煤就不一定需要干燥,因为这类黏结剂多以干粉状加入,如果原料煤水分不足,还需补充一些水分。

(2)破碎。其目的在于减少煤粒之间的空隙,使煤粒在压球时能达到紧密的排列,也使煤的粒度大小较为均匀,从而促使黏结剂最后形成的骨架也较为均匀地分布于型煤之中,这有利于提高型煤强度。但并不是煤的粒度越小越好,因为如果粒度过小,势必加大筛分和破碎工作量,增加设备和动力消耗,同时需要覆盖和黏结的煤粒表面增大,增加黏结剂的用量。所以原料煤的破碎程度在适宜范围即可,一般采用的粒度为0~3mm。目前多用鼠笼式破碎机进行破碎,往往是将原料煤加入黏结剂后再送入破碎机破碎,在破碎的同时也进行初步混合。

(3)配料。即按预先经过试验得到的方案,严格控制原料粉煤和黏结剂的用量比进行配料。根据具体情况,黏结剂可分几次加入,以达到较好的混合效果。

(4)混合。混合的目的是使黏结剂更好地分布,使煤粒表面为黏结剂所湿润、覆盖,有利于黏结,它是型煤制造的一个关键环节。在实际生产过程中,除在破碎的同时进行初步的混合外,还另有专门的搅拌设备进行混合。一般采用双轴搅拌机或立式搅拌筒进行混合,以保证型煤质量。

以上4个环节是成型原料制备的基本内容,是型煤制造的第一道工序,其好坏将直接影响后面工序的正常进行,也直接影响型煤的质量。至于具体工艺流程如何安排,或需分几级破碎和混合,须视具体情况而定。

2. 成型

成型原料制备完毕之后,用对辊成型机进行成型。根据对辊成型机的原理和特点,在实际操作时必须注意压辊之间间隙的调整,保持下料均匀,保证球模充满以及物料水分等。

3. 生球固结

一般来说,刚从成型机压制出来的型煤强度还很低,不能直接应用,这时型煤里的煤粒暂时被黏结在一起,水分含量较高。为了保证黏结剂能成为坚强的骨架,使煤粒间牢固地黏结,生球固结就成为必不可少的一个环节。

采用的黏结剂不同,固结方法也不同。以石灰为黏结剂的石灰炭化型煤,生球固结是采用炭化方式,即生球中的 $Ca(OH)_2$ 与炭化气体中的 CO_2 反应生成 $CaCO_3$。型煤就是依靠炭化过程中生成的 $CaCO_3$ 作为骨架固结,成为具有较高强度的人造块煤。炭化反应式如下:

$$Ca(OH)_2 + CO_2 \longrightarrow CaCO_3 + H_2O$$

以水泥为黏结剂的型煤,生球固结是采用养护方式。养护的作用是让生球中的水泥浆凝聚固化变成水泥石作为煤球中的骨架,以提高型煤的强度。养护有自然养护和人工养护两种。①自然养护,即在常温下保持一定湿度,让水泥浆充分凝聚固化。这种方式养护期较长,一般需7~8天或者更长时间,才能达到较好的强度。②人工养护,采取提高养护温度(80℃)及保持一定湿度等措施,这样可使养护期缩短1~2天,而型煤同样可达到较好的强度。

以亲水性有机物、水溶性无机物以及不溶性无机物为黏结剂的型煤,型煤固结一般都采用干燥的方式,排除型煤中的水分,提高黏结力,让其固化形成骨架,以提高型煤强度。一般干燥方法有自然干燥、烘房干燥、在立式炉内通过热气体进行干燥和在水平翻排炉内通过热气体进行干燥4种。

总之,只有通过生球固结这一工序,黏结剂的作用才能充分发挥出来,型煤的强度才能提高到适于使用的水平,也便于运输和储存。

(二)典型成型工艺流程

目前,国内外有关黏结剂冷压成型的工艺比较多。下面只介绍几个典型的工艺流程。

1. DKS法冷压成型工艺

这是由德国迪迪尔工程股份有限公司、日本京阪炼炭工业有限公司、住友金属工业有限公司和住友商事有限公司于1970—1971年联合开发的冷压型焦工艺,该工艺以4家公司第一个字母命名。DKS工艺的型煤生产工艺是京阪炼炭公司1956年开发的,炭化炉则是德国迪迪尔公司的技术。在建年产能力为4.8万t的型焦厂时,炭化过程在斜底式焦炉中完成。

该工艺流程简图见图4-4,原料煤是70%~90%的不黏结性煤和10%~20%黏结性烟煤相配合,粉碎到小于3mm的粒度,加入约10%的煤焦油和沥青等黏结剂,并用蒸汽加热,用双轴混料机搅匀,经立式混捏机混捏后用对辊式成型机成型。成型后的型煤冷却后炭化,就成为型焦。

2. HBNPC法冷压成型工艺

该工艺是法国北方马森煤矿和加耙斯煤矿联合开发的,用85%~90%的低挥发分非黏煤、10%~15%的黏结煤混合,再和10%的沥青黏结剂配合的混合料进行冷压成型,型煤在立式内热炉中进行炭化处理后得到型焦。冷压成型工艺流程示意图见图4-5。

3. FMC法冷压成型工艺

该工艺是美国食品机械和化学公司(简称FMC)于1956年开发的,用高挥发分煤作为原

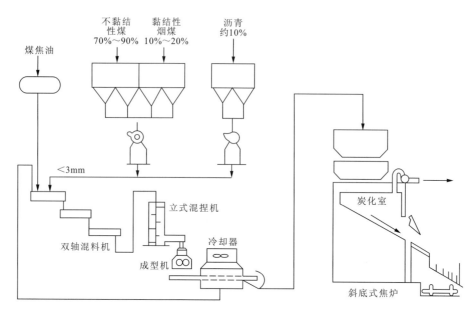

图 4-4 DKS 法冷压成型工艺流程示意图

(据徐振刚等,2001)

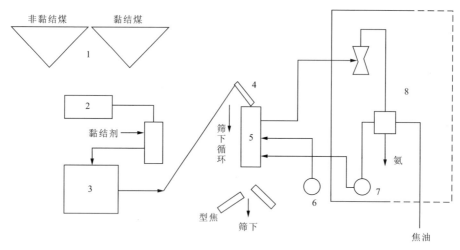

图 4-5 HBNPC 法冷压成型工艺流程示意图

(据徐振刚等,2001)

1—煤仓；2—混合器；3—成型机；4—立筛；5—炭化炉；6—空气风机；7—煤气风机；8—煤气净化装置

料,其工艺流程见图 4-6。

粉煤小于 2.38mm,经氧化干燥至水分小于 2%,在 500℃下预炭化,所得半焦粉在空气流中焙烧到 816℃,制成挥发分为 3% 的多孔活性焦粉后快速冷却,以保持活性,并防止自燃;焦粉与在预炭化过程中产生的焦油按 8%～15% 的比例配合,经吹风氧化处理得到的 55～65℃软化的黏结剂经混合器混匀,然后成型;所得型煤在 230℃ 左右进行氧化处理,获得化学性质均匀、强度高的氧化型煤。氧化型煤在 815～870℃ 的炭化器中炭化成挥发分小于 3%、强度高

第四章 型 煤

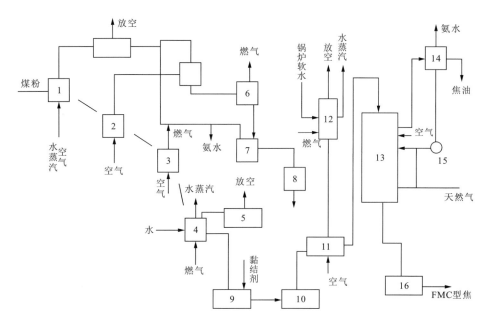

图 4-6　FMC 法冷压成型工艺流程示意图
(据徐振刚,2001)

1—干燥、氧化沸腾床;2—炭化器;3—干馏焙烧器;4—干馏炭冷却器;5—袋式过滤器;6—焦油冷凝器;7—焦油澄清槽;8—焦油氧化槽;9—混合器;10—对辊式成型机;11—热化炉;12—锅炉;13—炭化炉;14—煤气净化器;15—风机;16—型焦冷却器

的型焦。

该工艺的优点是:煤的适用范围广,任何煤都可以,当使用有黏结性的煤时,通过预氧化可使其破黏,最适宜的煤种是低灰、低硫、高挥发分不黏煤;其次还能自产煤焦油,经加工后可作为黏结剂使用,当煤的挥发分高于 35% 时所得煤焦油可以自给;该生产装置连续而且密闭,污染物污染环境较少。

该工艺的缺点是:原料煤采用多段预处理,型煤采用多段后处理,工艺流程长,设备多且复杂,投资成本较高。

四、热压成型

(一)基本原理

1. 快速加热

煤中有机质是高分子聚合物,加热到一定温度后就会发生热解。一般而言,加热温度升到 340~500℃ 时,即有气体和液体产生,同时形成胶质体,煤逐渐软化熔融。但随着加热温度的提高,热分解进一步加剧,软化了的煤便逐渐固化,这是煤在加热过程中发生的一般现象。煤是否具有黏结性要视加热过程中所形成的胶质体的数量和质量,而加热过程中所形成的胶质体的数量和质量首先取决于煤种,其次取决于加热速度。

实践证明，提高煤的加热速度，可以增加胶质体的数量，改善胶质体的质量，从而提高煤的黏结性。在慢速加热条件下（如 1~3℃/min），由于受热时间长，胶质体一旦形成，随即就进一步分解，产生较多的气，所以在煤内不可能形成较多的胶质体。在这种情况下，煤的软化温度较高，固化温度较低，塑性温度区间也就较窄，可塑性小，胶质体的流动性也较差，所以慢速加热不可能改善黏结性能。

在快速加热条件下，如在 0.5~1min 内就达到煤的软化温度（400℃左右），由于受热时间短，形成的胶质体还来不及进一步分解就再次结合，形成分子较大的胶质体。这样，就相对减少了气体的数量，增加了胶质体的数量，同时也改善了胶质体的质量，使煤的软化温度降低，固化温度提高，塑性温度区间也相应扩大，可塑性增大，胶质体的流动性大为提高。所以，快速加热可以改善煤的黏结性，而改善的程度取决于煤本身的性质、加热速度及最终温度。

粉煤热压成型正是利用快速加热的原理来提高煤的黏结性，在煤的塑性温度区间内，借助于成型机施加外部压力，使软化了的煤粒相互黏结熔融在一起。一般来说，在中压下（50MPa）即可获得强度较好的型煤。

2. 维温分解

加热到塑性温度的煤粒，进一步热分解和热缩聚，使煤粒"软化"，并由于气体产物的生成，使煤粒膨胀。为了使热解的挥发产物进一步析出，以防止热压后型块膨胀或炭化处理时开裂，应在塑性温度下隔热维温 2~4min。

由于型煤或型焦的结构与煤粒在成型时的软化程度、型煤的膨胀有关，软化煤粒在成型时要继续析出气体，胶质体因透气性差而阻碍气体析出，故产生了膨胀压力。若该压力小于成型压力，则型煤致密，强度好。因此，型煤的密度不仅取决于所施外压，而且也取决于气体的析出速度和胶质体的透气性，而此因素是随煤料的性质和温度条件而异的。对于胶质体多、热稳定性好及透气性不高的煤，其塑性温度应高些，维温时间应长些。对黏结性较差的煤，应防止因过度热解使胶质体中的液态产物过多分解而降低其黏结性，塑性温度应低些，维温时间也应短些。总之，塑性温度和维温时间的选择，既要使煤料很好地黏结，又不使型煤发生膨胀，也就要由煤的黏结性和膨胀性决定。

3. 挤压成型

经过维温分解以后，处于胶质体状态的煤料中，除可熔物质外，还存在不可熔物质或惰性粒子。为了使其均匀地分布于熔融物质中，煤料可以在挤压机中进一步受到粉碎、挤压和搅拌，以提高型煤结构的均匀性和强度。挤压后的煤料再进一步压制成型，使粒子间隙减少，降低其透气性，利于活性化学键的相互作用，从而使型煤密度增加。

实验表明，型煤的强度同成型压力呈曲线变化关系：压力增加时，型煤的密度显著提高；压力增至某一数值后，压力的提高对型煤密度的影响不大；压力超过一定数值后，型煤的密度随压力的增加而降低。其主要原因在于：压力过高，使煤粒子破碎，增加了新的界面，原有的胶质体便不足以浸润粒子表面或充填粒子间隙，故对黏结不利；另一方面，由于压力提高，粒子间靠近，析出气体的自由空间过小，气体析出时阻力增加，从而引起型煤变形。当压力解除后，因型煤的透气性差，分解气体不能迅速析出而使型煤产生膨胀，从而破坏其致密性。

因此，用黏结性好、胶质体透气性差的煤料进行热压成型时，成型压力应相对小些。黏结性非常高的煤，采取氧化破黏，配入适量无烟煤粉、焦粉或矿粉等惰性组分，提高胶质体的透气性,减少热压后型块的膨胀性,对提高型煤或型焦的质量是有利的。

4. 后处理

热压所得的型煤,最好在热压温度下,隔热和隔绝空气进行一定时间的热焖处理。其目的如下。

(1)压型时有助于活性化学键的接触和反应,但压型作用的时间短,作用不完全,且焦油等挥发物也不能完全分解,因此这些挥发物分解时所产生的新活性键便不能充分发挥作用。如果此时型煤立即冷却,上述活性化学键便会因温度降低而失去相互作用的能力。

(2)在热压型煤中,由于热分解和热缩聚的时间不足,尚有部分胶质体未转化为固相,热焖可延长液-固相转化的时间,同时因完全处于固态的具有相当大的导热系数的型煤在炭化处理时不易产生过大的收缩应力,从而可以减少其裂纹,提高其抗碎强度。

(3)在热压型煤中,由于不同组分具有不同的热膨胀性,若此时急骤冷却,就会使结构致密的型煤表里温度梯度加大,型煤的尺寸愈大,表里温差就愈大,从而产生不同的收缩力,因而降低型煤的强度。

概括来说,热压成型工艺就是快速加热、热压成型,即将具有一定黏结性的烟煤快速加热到塑性温度区间,并趁热施以压力使之成型(徐振刚等,2001)。热压成型工艺按加热的方式可分为气体热载体快速加热热压成型工艺和固体热载体快速加热热压成型工艺两大类。

(二)气体热载体热压工艺

该工艺主要由煤的干燥预热、快速加热后维持温度以及热压成型3个工序组成(图4-7)。此工艺主要适用于单一煤种(如气煤、弱黏结性煤)的热压成型及以无烟粉煤为主体的配煤的热压成型。

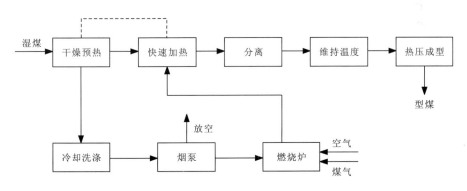

图 4-7 气体热载体快速加热热压成型工艺流程图
(据徐振刚等,2001)

该工艺的缺点是:①快速加热的热废气温度不能过高,当超过600℃时,烟煤粉与筒壁接触产生过热或过早地软化而黏于壁上造成堵塞;②循环废气量大,由于受到废气温度不能过高的限制,烟泵的负荷就大,风料比(即加热1kg煤所需要的标准状态下的废气量)也相应增大;③在加热过程中,烟煤的部分热分解产物不可避免地要混入废气中,这给加热系统的温度控制和防止焦油堵塞管道、烟泵带来一定困难;④对加热的最终温度亦有一定限制,如加热温度过高,烟煤会过早在加热系统内软化,容易把系统的设备堵塞。

图 4-8 为一种比较典型的气体热载体粉煤热压成型工艺流程示意图。气体热载体粉煤热压成型需要消耗一定的热量。在实际生产中,还需要考虑热风炉的燃烧效率、气固相间的换热效率、风煤比以及设备与管道的散热等因素,实际热耗要比理论热耗大。另外,在热压成型过程中,煤中会有一部分可燃挥发气体逸出,这部分可燃气体热值较高,应尽可能地考虑回收利用。

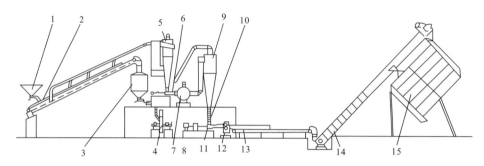

图 4-8 一种典型气体热载体粉煤热压成型工艺流程示意图
(据徐振刚等,2001)

1—受煤斗;2—干燥机;3—自动配煤装置;4—通热风破碎机;5—旋风分离器;6—螺旋给料器;7—旋风快速加热器;8—全自动热风炉;9—旋风分离器;10—螺旋恒温器;11—螺旋挤压机;12—对辊成型机;13—链板输送机;14—斗式提升机;15—热焖罐

(三)固体热载体热压工艺

该工艺主要由 3 个工序组成:①固体热载体加热;②烟煤的预热、混合及维持温度;③热压成型。工艺流程见图 4-9。

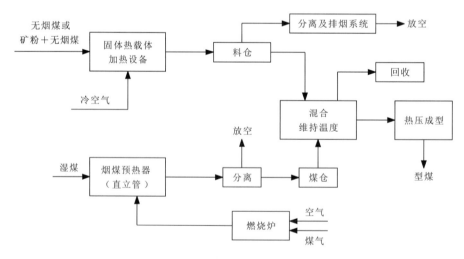

图 4-9 固体热载体快速加热热压成型工艺流程图
(据徐振刚等,2001)

该工艺的优点:①由于采用两种粉煤料通过在混料机内混合达到快速加热的目的,因而在烟煤加热过程中,其热分解产品可单独予以回收;②采用沸腾炉、直立管等加热设备,热效率高;③调节加热温度较为方便,通过调节配合比的办法,能迅速在 1min 内达到调温的目的。

这种工艺的缺点是不能用于单一煤种的热压成型。

[例]湖北蕲州热压成型工艺流程

用 65%~75% 的无烟煤与 25%~35% 的烟煤分别破碎后,前者在沸腾炉内靠部分燃烧(约为入料的 5%~6%)加热到 650~700℃,后者经过直立管干燥、预热至 200℃煤料混合,靠无烟煤粉快速加热烟煤,使混合料升温达 441~470℃,然后热压成型或再经焙烧而得型焦。

该流程由 4 部分组成:固体热载体加热(沸腾炉部分),烟煤预热(直立管部分),混合、维温和热压(成型部分),型煤炭化焙烧(炭化炉部分)。4 个部分相对独立,易于操作和控制。沸腾炉靠烧掉 6% 的煤供加热固体热载体(同时又是配料的组成部分),故风料比较低,动力消耗较少。用直立管预热烟煤,热源由炭化炉的煤气供给,预热过程兼有气体输送和气流粉碎作用。利用黏结成型,在型煤的炭化处理上,采用内热式连续生产的炭化炉,生产能力大,型焦由炉底冷煤气冷却,故耗热量低(图 4-10)。

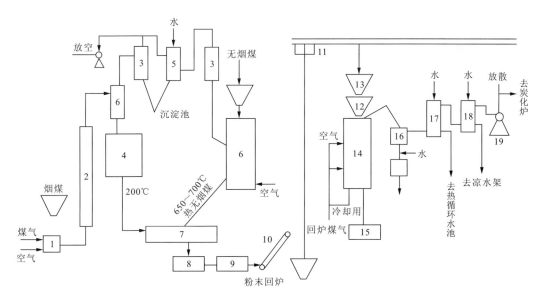

图 4-10 湖北蕲州热压成型工艺流程示意图
(据徐振刚,2001)

1—燃烧炉;2—直立管;3—旋风分离器;4—热烟煤仓;5—洗涤塔;6—沸腾炉;7—混料机;8—挤压机;9—对辊式成型机;10—链条机;11—电动葫芦;12—辅助煤箱;13—煤球箱;14—炭化炉;15—排焦机构;16—重力除尘器;17—空喷塔;18—填料塔;19—烟气风机

第五节 型煤生产设备

型煤生产是一个多环节的生产工艺过程,与此相适应的机械也多种多样。型煤机械间的有机结合构成了型煤的整个生产过程,它不仅影响型煤的产量,而且还影响型煤的质量。因此,型煤机械在生产中占有很重要的地位。

型煤机械一般包括以下几大类设备(徐振刚等,2001):原料煤储运设备,筛分与破碎设备,干燥设备,给料运输设备,混捏设备,成型设备,固结设备以及燃烧、通风、除尘等辅助设备。

一、混捏设备

混捏工段是型煤生产中最重要的环节之一,其作用是通过对成型物料的充分混合,使其具有良好的成型特性,这样对提高成型机的成球率、保证型煤的质量都是有益的。常见的混捏设备有双轴搅拌机、立式调和机及轮碾机等(徐振刚等,2001;刘鹏飞,2004)。

1. 双轴搅拌机

双轴搅拌机是工业型煤生产中三大主机之一,其功能是将煤粉、黏结剂以及添加剂进行均匀混合,以供后面工序调和、成型之用。双轴搅拌机为双轴反螺旋桨片交叠、送料螺旋浆叶与运料螺旋浆叶的组合,这样混合均匀、效果好。

搅拌机由以下主要部分组成:电动机、带传动、齿轮、减速器、齿轮联轴器、工作主机、联结底座。其传动系统见图 4-11。

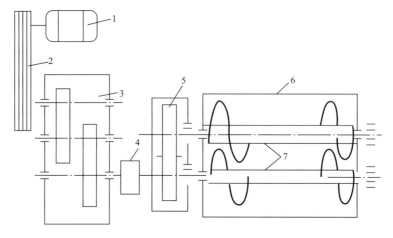

图 4-11 双轴搅拌机传动系统示意图
(据刘鹏飞,2004)
1—电动机;2—三角传送带;3—齿轮减速器;4—齿轮联轴器;5—齿轮箱;
6—工作主机箱体;7—螺旋浆叶轴

电动机运转,将动力和运动(1450r/min)通过胶带轮三角胶带传给圆柱齿轮减速器,经过三角胶带和齿轮减速器减速,使减速器输出轴转速降为 30r/min,减速器输出轴与工作主机输入轴通过一对齿轮联轴器连接,将动力和运动传给工作主机。电动机、减速器、工作主机均安装在联结底座上,并通过底座与基础联结。

工作主机的输入端有两个规格相同的圆柱直齿轮相啮合,这两个齿轮能分别安装在主、副轴上。这样,输入的动力和运动经齿轮传动分流,使两个轴以大小相等、方向相反的速度转动。两轮上位于箱体内的部分分别安装有规格相等、旋向相反的螺旋浆叶。由于两轴带动螺旋浆叶旋转,使经箱体上方进入的煤料与从箱体上盖喷嘴喷入的黏结剂充分混合,并通过位于箱底输出料口排出箱体。

2. 立式调和机

调和机的作用是将一定配比的物料通过双轴搅拌机充分混合后,进入调和机对物料进行搓揉,以使各种物料相互渗透,并对物料的成型特性进行调整,产生具有充分黏结性的物料,供成型机压制成型。

调和机主要由主机和螺旋抽出式给料机两大部分组成(图4-12)。主机为立式安装,调和轴即主轴通过电机、主减速箱、齿轮联轴节驱动。主轴上设有平料叶片、调和叶片和排料叶片,并由调和筒的上、下轴承支承。主减速器为非标准型,输入、输出轴均为立轴,向上伸出。

机器工作时,物料装至平料叶片高度,在主轴转动时,通过调和叶片的楔形断面对筒内的物料进行挤压,像揉面一样对筒内物料进行充分调和。排料叶片位于调和筒下部的出料口水平,有把物料从出料口挤出的作用。

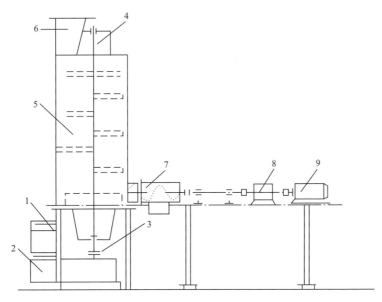

图 4-12 立式调和机外形结构示意图
(据徐振刚等,2001)
1—电动机;2—主减速箱;3—齿轮联轴节;4—主轴;5—调和筒;6—入料口;
7—抽出式给料机;8—减速器;9—变速电机

3. 轮碾机

轮碾机是对称的两个辊轮与其下面的碾盘作相对的运动,对物料进行压碎或对物料进行混捏。轮碾机按操作(排料)方法可分为连续式和间歇式,后者多用于混合作业。按传动装置位置可分为上传动式和下传动式两类,前者便于观察传动运动情况和维修,但机器重量大,工作不平稳,振动大。按辊轮的旋转方式可分为碾盘固定式和碾盘旋转式两类,前者碾盘固定不动,而两个辊轮在碾盘上绕立轴作公转,同时辊轮在物料摩擦力作用下绕自身水平轴作自转,这类轮碾机工作时产生很大的离心力,振动较大,一般只在小型设备、辊轮不重的情况下使用,加大辊轮的转速可加速磨碎。而碾盘旋转式轮碾机是碾盘旋转,通过物料的摩擦作用,使辊轮绕自身水平轴作自转但不作公转,这类轮碾机工作平稳,无冲击振动,应用较广。

湿式混碾机主要由碾盘、辊轮、刮刀和传动装置等组成(图 4-13)。工作时,碾盘由电动机经胶带轮带动旋转,把一定量的混合物料装入旋转的碾盘上后,物料由导向刮刀送入辊轮下面。由于辊轮与物料间的摩擦作用,辊轮开始绕自身水平轴自转,对物料进行混合和碾压,使其均匀和紧密。混压一定时间(一般为 5~25min)后,达到产品质量要求时,则用手轮把卸料刮刀降到与碾盘底接触,挡住与碾盘一道回转的物料,使之由碾盘边缘排出,卸到碾盘下面的收料器内。当碾盘上的物料卸完之后,将刮刀提升,并固定于上面的位置(与物料不接触),再装入一批新的物料,重复工作。

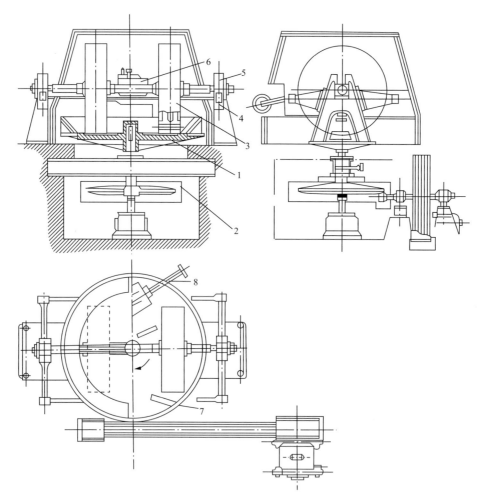

图 4-13 混碾机结构示意图

(据徐振刚等,2001)

1—碾盘;2—主轴;3—辊轮;4—水平轴;5—轴承座;6—刮刀;7—导向刮刀;8—手轮

二、成型设备

成型设备是型煤生产工艺中最关键的设备,它的种类很多,可分为冲压式成型机、环式成型机、对辊成型机、螺旋挤压机及蜂窝煤机等(刘鹏飞,2004)。我国常用的有对辊成型机和蜂窝煤机两种。

1. 对辊成型机

对辊成型机有一对轴线相互平行、直径相同、彼此有一定间隙的圆柱形型轮,型轮上有许多形状和大小相同、排列规则的半球窝。型轮是成型机的主要部件,如图4-14所示。在电动机的驱动下,两个型轮以相同速度、相反方向转动,当物料落入两型轮之间的 A、B 处开始受压,此时原料在相应两球窝之间产生体积压缩;型轮连续转动,球窝逐渐闭合,成型压力逐渐增大,当转动到两个球窝距离最小时成型压力达到最大。然后,型轮转动使球窝逐渐分离,成型压力随之迅速减小。当成型压力减至零之前,压制成的型煤就开始膨胀脱离。

成型压力的大小是粉煤压制成型的关键,而成型压力又取决于煤料填满压辊上球碗的程度。球碗中煤料的充填量越大,则球碗在闭合时对煤料所产生的反作用力也就越大,从而能产生足够的压力将煤球压得更加密实。因此,成型压力与煤料的特性、压辊的直径和宽度、两个压辊的间距、压辊的转速以及球碗的形状和大小等因素有关。

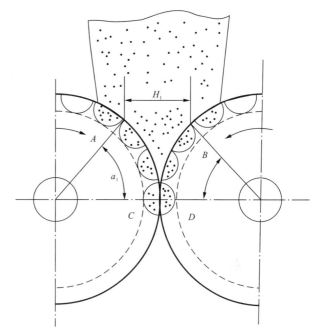

图4-14 对辊成型机工作原理示意图
(据徐振刚,2001)

2. 蜂窝煤机

国内外蜂窝煤机因产品的多样化,种类也随之增加,大致可分为普通蜂窝煤机、二合一、三合一和四合一蜂窝煤机。国内蜂窝煤成型机尽管种类不同,但结构形式和工作原理基本相同。成型机的构造可分为六大部分(11小部分),如图4-15所示。

(1)机体。由底座、立柱、横梁、机架等部件组成。为整个机器的骨架。

(2)传动装置。由电机带动驱动装置,通过主传动轴带动曲柄连杆、进料、出料及拨转定位轮,其作用为传递动力。

(3)冲压系统。包括滑梁连杆、冲头及出煤桩、扫刷部件等,其作用是使混合物料加压成型。

(4)拨转定位。由转盘、拨转齿轮和定位凸轮组成。因为冲压为间歇式动作,拨转定位的作用是保证冲压位置准确。

(5)进料部分。由料筒、进料搅拌器组成。

(6)出料部分。由成型煤输出胶带和冲下物输出胶带组成。

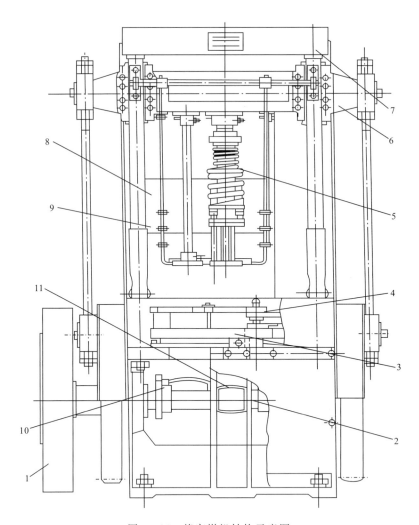

图 4-15 蜂窝煤机结构示意图

(据徐振刚等,2001)

1—驱动装置;2—主传动部分;3—转盘;4—拨转定位;5—冲头及出煤桩部分;6—滑梁连杆部分;
7—机架部件;8—料斗部分;9—扫刷部件;10—输出型煤部分;11—型煤

三、生球固结设备

一般情况下,刚从压辊上下来的生球强度并不高,只有经过适当处理以后,煤球才能具有较高的强度(徐振刚,2001)。煤球的种类不同,对其生球进行处理的方法和所采用的设备也不同。常用的生球处理设备有立式干燥炉、返排式干燥炉、炭化罐以及热焖罐等。

1. 立式干燥炉

图 4-16 为立式干燥炉的结构示意图,它由干燥仓和燃烧装置两部分组成。

(1)干燥仓。在干燥仓内,又分为预热、干燥及冷却 3 个阶段。从上面进料口加入干燥炉的生球,被干燥仓中间部分干燥段内两层交错排列的、呈等边三角形的通风道中均匀分布的、由总风管送来的 180~200℃ 的热烟气进行干燥处理。蒸发出来的水分从炉顶排气口排出，经旋风分离器和洗涤塔除去固体颗粒物后被排入大气。而经过干燥的生球进入冷却段后，仍可利用其余温继续进行干燥，干燥好的煤球从底部出料口卸出。煤球从上到下的整个干燥过程是连续进行的。热风与煤球逆向接触，因而能够充分进行热量交换。这种干燥炉容易控制和操作，可将煤球中的水分降到 2% 以下，操作周期为 8~12h。

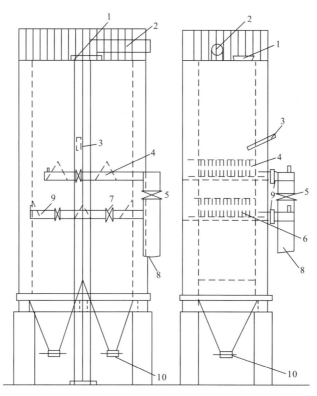

图 4-16 立式干燥炉结构示意图
(据徐振刚等，2001)
1—进料口；2—排风机；3—测温点；4—上层三脚架；5—总调风门；6—下三脚架；
7—分调风门；8—总风管；9—分风管；10—干煤球放出口

(2) 燃烧装置。分为前、后两个阶段。前段为燃烧室，它为生球干燥提供所需的热废气；后段为沉降室，用来沉降燃烧过程中产生的灼热炭粒，以避免废气将火星带入干燥仓内而引起煤球燃烧。为了防止煤球因加热温度过高而产生自燃，应将进入干燥炉的热烟气温度控制在 180℃±20℃ 为宜。

2. 返排式干燥炉

返排式干燥炉是一种隧道式的干燥设备，如图 4-17 所示。将生球放在炉内的链板上，随着传动链板的移动，生球从进去干燥到冷却出来的整个过程是连续进行的。传动链板是由若干块钢板制成的，每块链板由销轴锁联，每个销轴又装配在导轮上，导轮沿导轨运动，进而带动链板移动。链板的移动速度由传动装置控制，一般为 0.06~0.08m/s。其热源也是由附设的燃烧装置来提供加热、干燥所需的热烟气，热烟气的温度一般控制在 180~220℃。

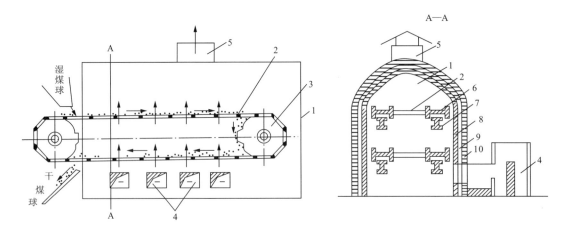

图 4-17　返排式干燥炉结构示意图

(据徐振刚等,2001)

1—干燥室;2—翻板;3—大八角转轮;4—燃烧室;5—烟窗;6—导轮;7—导轨;8—耐火砖;
9—空气夹层;10—普通红砖

3. 炭化罐

生产石灰炭化煤球时,需要配备专用的炭化罐。将压制好的生球装入炭化罐,然后向罐内通入 CO_2 气体,对生球进行炭化处理。常用的炭化罐直径为 2.2m,高度为 4m,工作压力在 0.8MPa 左右,工作温度在 150℃ 左右,炭化时间一般为 14~16h。

4. 热焖罐

热压成型时,刚压出的煤球温度很高,如果立即喷水进行冷却,则会使煤球表面产生裂纹而降低煤球强度。如果采用热焖技术,可使灼热的生球缓慢地冷却,而且煤球强度也会明显提高。

热焖罐是由几个分隔仓所组成,并以倾角 45°安装的方形罐体(图 4-18)。灼热的生球被提升到罐顶的入料口处,然后沿着倾斜的滑道,进入呈 45°的矩形分隔仓。每个分隔仓可容纳煤球 5t 左右,热焖好的煤球从底部出料口卸下。由于采用了 45°滑坡,煤球可以沿着仓壁缓慢下滑,从而能够减轻煤球因在下滑过

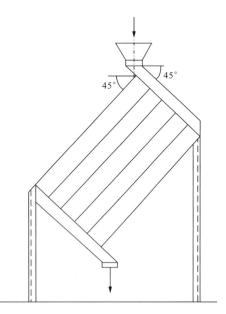

图 4-18　热焖罐结构示意图

(据刘鹏飞,2004)

程中的机械破坏所造成的破碎。在一个分隔仓的入口关闭、出口打开时,下一个分隔仓的入口打开、出口关闭,按照事先规定好的热焖时间进行自动控制,如此周而复始、连续不断地运转。一般情况下,热焖时间为 2h 左右。

第六节　型煤的应用

一、褐煤成型

褐煤成型有着悠久的历史,欧洲曾经有不少褐煤成型工厂,规模达到每年数千万吨,可见它在褐煤利用中占有很重要的地位。年轻褐煤含水分达 50%～60%,甚至更高。新采出褐煤受阳光照射会因水分逸出而龟裂粉碎,不仅易自燃难以保存,而且运输含大量水分的褐煤在经济上也不合算。在欧洲通常将褐煤压制成肥皂大小的块状,故又称为煤砖,其水分可降至 20%以下,发热量可提高 2～3 倍,成为工业利用和民用燃烧的方便能源及燃料。

褐煤的成型性是指不加黏结剂时粉状褐煤压制成块的性质,它取决于褐煤的成分和性质,同时也与成型工艺条件有关(徐振刚等,2001)。

褐煤的成型性与其煤化度、岩相组成、矿物质含量和种类密切相关。煤化度低的褐煤成型性较好,煤化度愈高则愈难成型(褐煤全水分的高低能简便地反映其煤化度)。煤中矿物质含量高就降低了型煤的价值,矿物密度愈大、含量愈多,愈难成型。通过煤灰成分分析结果亦可大致推测褐煤的成型性。褐煤的岩相组分不同,其成型性亦有差别。一般来说,镜质组分最易成型,稳定组分最难成型,丝质组分成型性能介于两者之间。但通常煤中稳定组分一般较少,对成型性影响不大。此外,煤的物理机械性质(如脆性、弹性、塑性等)对成型性都有一定影响。通过破碎调整煤粒形状、粒度组成,或改变成型压力、温度、时间等工艺条件,也可影响其成型性。

褐煤成型主要分为无黏结剂成型和有黏结剂成型两大类。年轻褐煤无黏结剂成型技术成熟,实现了工业化规模生产,在欧洲尤其在德国东部地区应用较多。其他类型的褐煤成型技术,虽然开展了许多研究和试验,但多数尚处于开发阶段,少数有了小规模生产。我国目前尚无大中型褐煤成型生产厂。

实现褐煤无黏结剂成型的必要条件,一是褐煤品种要合适,二是需用高压成型设备。欧洲盛产年轻褐煤,机械工业又发达,促进了褐煤无黏结剂成型工业的发展。随后该技术又推广至澳大利亚、印度等国,所采用的成型工艺和生产过程均大同小异,其生产流程示意图见图 4-19。

我国褐煤多属年老褐煤,成型性差,成型工艺和设备还存在一些问题,目前尚不具备商业化生产燃烧用褐煤型煤的条件,但在一些生产年轻褐煤的地区(如云南保山)已开始探索生产褐煤型煤,以满足本地需要。

二、民用型煤

所谓民用型煤,是指生产出的型煤产品主要供给城乡居民生活使用(刘鹏飞,2004)。粉煤通过手工或机械加工可以成为不同形状、不同燃烧性能的民用煤制品。当前我国常见的民用型煤有炊事用煤球、煤砖、普通蜂窝煤、上点火蜂窝煤、烤肉型煤、火锅炭及手炉煤球等。作为我国民用型煤主体的蜂窝煤,配以先进的炉具,热效率比燃烧散煤提高 20%～45%,烟尘减少 40%～60%,CO 减少 80%,总悬浮颗粒减少 90%,节能环保效益显著。

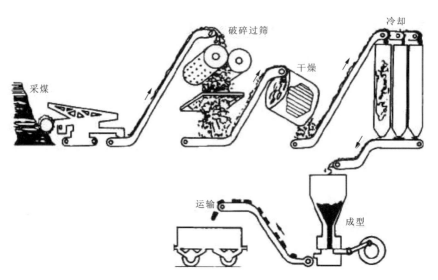

图4-19　褐煤无黏结剂成型生产流程示意图

(据刘鹏飞,2004)

实践证明,成型煤与先进炉具配套燃烧,是提高热效率、节约用煤、减少环境污染、方便居民生活的有效措施,是合理利用煤炭资源的重要途径。燃用民用型煤的优越性可归纳为以下几个方面(徐振刚等,2001)。

(1)提高热效率。粉煤经加工成型后,在炉膛内堆积时分布较为均匀,有孔隙利于通风,燃烧状况比烧散煤稳定,同时减少炉排漏煤和烟道排出粉尘所造成的浪费,从而提高了热效率。

(2)储存方便。型煤由于经过机械压制加工,形状规则完整,便于堆存和保管。尤以煤砖和蜂窝煤更有利于堆存,所占空间也较小。

(3)加煤除灰方便。型煤具有一定的冷、热抗压强度,因此在往燃烧的炉子中加煤时,上升的热气流不会扬起煤粉。除灰时,一般起尘也不大,特别是配方较合理的蜂窝煤,烧完以后可以整块夹走,十分方便。

(4)对环境造成的污染小。煤在燃烧时将排出有害气体,同时在加煤和除灰过程中也将有部分灰尘飞扬,这些有害气体和灰尘造成环境污染。由于型煤具有一定的抗压强度,在炉内燃烧时一般通风情况较好,所以有害气体和灰尘较少。

通常,民用型煤的工艺流程如下:

配煤→粉碎筛分→混合搅拌(加黏结剂和水)→捏合湿化→成型→烘干→成品

国内蜂窝煤和民用煤球的成型对混合物料的粒度、黏结性、水分等方面的要求相同,而且黏结剂都用黄泥,所以蜂窝煤和民用煤球的生产流程在物料的前处理阶段是完全相同的,只不过是成型和干燥环节不同。煤球在堆存、装卸车和运输过程中容易损坏,所以压制成型以后需要烘干,以提高其强度。普通蜂窝煤成型不需专门烘干,可采取自然干燥的方式。

简易式蜂窝煤生产流程机械化程度低,物料不连续,产量低,一般为小型蜂窝煤厂采用。其流程示意如下:

从上述流程中可以看出,配煤、破碎、搅拌、捏合等生产工序合在一起,通过一台轮碾机来完成。轮碾机可以压碎块煤和煤矸石,轮碾机上的搅拌叶片能将物料混合均匀,同时物料通过

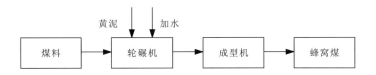

碾压起到了捏合作用。这种生产线操作工人劳动强度大,因为上料、运料都由人工进行,而且轮碾机是间歇作业,生产效率低,单台设备的年产量仅 2000t 左右。

国内的蜂窝煤厂多属中型厂(年产量 1~5 万 t),生产流程各地区有所不同。其主要区别在于有的生产流程工艺要求中的各道工序是分开作业,如破碎、筛分、搅拌、捏合都由单独的机械设备来完成,有的生产流程几道工序合由一台机械设备来完成。另外,以黄泥为黏结剂的配入方法也有所不同,有的将黄泥破碎后加入,有的则配制为泥浆加入。

当前,国内民用型煤生产流程中比较普遍地存在以下几个主要问题:①电耗高,年产万吨以上的蜂窝煤厂,设备功率都在 200kW 以上;②设备磨损快,破碎机和成型机的易磨损件耗量大,维修量也大;③劳动强度大;④粉尘污染,除尘效果差、物料加工运输各环节漏煤等都造成粉尘污染;⑤噪音大,破碎、成型过程中机器噪音太大。

三、锅炉型煤

1. 锅炉型煤的必要性

(1)锅炉的设计总是依据给定的燃料进行的。但在很多情况下,用户得不到设计时给定的煤种,这就需要用配煤的方式来满足锅炉要求的挥发分和热值,而配煤生产型煤在工业锅炉里燃用,就可解决煤炭浪费和环境污染问题。

(2)工业锅炉改造已达一定深度,进一步改造耗资多、收益少,需要从燃煤方面做文章。随着锅炉设备运行水平的不断提高,技术改造的难度越来越大,耗费的资金更多,但效果不够理想。对燃料的加工改造,使之型煤化,能有效地提高锅炉的燃烧效率,做到事半功倍。

(3)对灰熔融性低、硫含量较高的煤炭及选煤厂剩下来的煤泥,都可以通过添加剂加工成锅炉型煤进行燃用,不仅具有较高的灰熔融性,而且能达到固硫的目的。

(4)燃用型煤可以使层燃锅炉通风良好,而且可以制成适用于链条炉排的小粒型煤。通过加入黏结剂使之燃烧更充分,降低炉渣含碳量,增加型煤反应活性,提高锅炉热效率。

2. 型煤的燃烧特性

型煤是散煤经筛分破碎后,添加少量黏结剂压制而成的,它与散烧煤的发热量、元素成分差别不大,其燃烧性质的差别主要表现在颗粒大小及煤层的结构方面。型煤颗粒大,粒径均匀,型煤之间空隙大,彼此之间接触面小,型煤内煤层压得较实,这就使得型煤在着火延迟时间、煤层着火线向下的扩展速度以及着火的稳定性等方面和散煤比有不同特征。

(1)型煤的着火延迟时间。在煤层从开始吸收辐射热至煤层表面着火所经历的时间,称为着火延迟时间。它随煤质的不同、辐射热流量、辐射源温度、通风量等因素而变化。煤层着火取决于辐射源温度,在低温时着火延迟时间长,高温时着火延迟时间短。型煤的着火延迟时间长于散煤,低温时两者差别大,随着炉温的升高,差别减小,高温时差别消失(图 4-20)。

(2)煤层着火线的向下扩散速度。煤层表面着火是从煤析出挥发分的着火开始的,以后逐

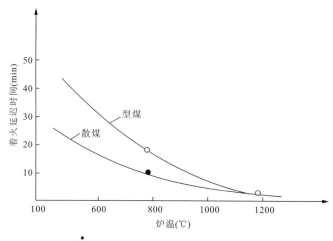

图 4-20 煤层的着火延迟时间和炉温的关系图
(据徐振刚等,2001)

渐由煤层表面向深处扩展,这种扩展的快慢可以用煤层着火线向下扩展速度来衡量。扩展速度愈快,煤层的稳定着火就愈有保证。着火线向下扩展速度与给风量有关。对于型煤,上、中煤层较薄,温度低,加大风量增大散热量,使着火线向下扩展速度降低,这种燃烧属于动力燃烧;而下层煤层着火线向下扩展速度因增加风量提供了燃烧所需氧气而加快,属于扩散燃烧。型煤燃烧从动力燃烧过渡到扩散燃烧较缓慢,致使着火过程中煤层上部为动力燃烧,而下部为扩散燃烧。

(3) 着火的稳定性。型煤空隙大,彼此间接触面小,直接接触传递的热量不多,主要是靠对流和辐射传热,尤其是靠大间隙中的火焰传热。散煤空隙小,空隙内不可能形成火焰,因此煤间隙内有火焰是型煤和块煤的燃烧特征。在给风量较小时,间隙内火焰能稳定燃烧,促使煤层着火线向下扩展速度加快;而在给风量较大时,会吹灭间隙内火焰,热量散失大,不利于煤层稳定燃烧。因此,要保证煤层着火稳定,应采取适宜的风量,并使煤层中每一层都处在不断增温状态。

3. 锅炉型煤生产工艺

炉前成型是一种无黏结剂的成型工艺,见图 4-21。所谓炉前成型,是指燃料煤在投入锅炉燃烧室前,通过专用设备,把粉状的原煤经过粗加工后变成型煤,供锅炉燃烧(徐振刚等,2001)。工业锅炉燃用型煤有两大优点:一是降低固体不完全燃烧损失,提高锅炉热效率,减少煤耗;二是降低排烟含尘量和飞灰含碳量,减轻环境污染。

工业锅炉采用炉前成型设备后,由于型煤具有的特征,燃烧状况稳定,层燃时不扬尘、不漏屑,固体不完全燃烧损失小,排烟热损失也小。型煤入炉燃烧后,高温下会开裂出花卉状,并释放出挥发分,有利于煤炭充分燃烧。由于型煤具有较好的热变形特性,可以做到裂而不粉,燃而不扬,既可以烧透,又减少了粉尘的扬析,大幅度地减少了粉尘的排放。

采用锅炉炉前成型的办法推动工业锅炉燃用型煤的发展,虽然节煤率和环保效益稍差于型煤集中成型,但在推广方面有以下几个方面的优点:①炉前成型机所需原料煤的准备虽然也要加工费,但其增幅略低,容易接受;②不需要考虑型煤的防水和破碎问题,故投资可以减少;

③投资费用由各用户分散负担,困难相对减少。推广锅炉型煤炉前成型机,国家只需先提供少量的贷款,是投资少、见效快、节能和环保双效益的项目。

四、型焦及配型煤炼焦

我国 20 世纪 50 年代开始研究高炉型焦的工艺,据 1987 年统计,有 14 个省 35 个企业进行了型焦的研制和应用,其中十几个厂的设备能力达到年产 1~2 万吨。

(一)冷压型焦

按成型温度可将型焦工艺分为冷压成型工艺和热压成型工艺两类。这两类工艺都由粉煤成型和型煤后处理两部分组成。冷压成型工艺分有黏结剂成型和无黏结剂成型两种。后一种是高压成型,适用于软质褐煤。但我国软质褐煤很少,国内对这种工艺的开发不多,因此主要介绍有黏结剂冷压型焦工艺。

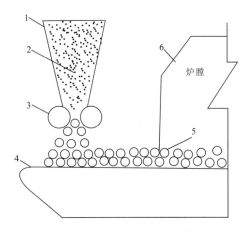

图 4-21　炉前成型工艺示意图
(据徐振刚等,2001)
1—煤斗;2—原料散煤;3—成型机;4—炉排;5—成型煤;6—炉体

该工艺的关键是黏结剂和成型压力两大因素。黏结剂必须保证型煤在冷态下有一定的冷强度,并在加热到一定温度下能与煤粒之间互溶和渗透,炭化处理时能够成为型煤的骨架,来保证型焦的强度。成型压力的作用在于缩小煤颗粒之间的距离,使松散的煤粒在外来压力作用下形成密实的型煤。加入性能好的黏结剂,可使成型压力比没有黏结剂时的成型压力有所降低,由此而得的型煤再进一步炭化或氧化,最后得到强度较高的无烟燃料,即接近于焦炭的型焦。

有黏结剂冷压型焦工艺流程见图 4-22。型煤变为型焦的最后一步是进行后处理,主要有氧化热处理和炭化处理(徐振刚等,2001;刘鹏飞,2004)。

(1)氧化热处理。当型煤通入 200~400℃的热空气后,黏结剂受热分解,并与氧进行缩合

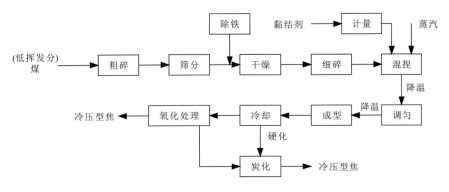

图 4-22　有黏结剂冷压型焦工艺示意图
(据徐振刚等,2001)

反应,生成一种似焦物,成为型煤的骨架,使型煤的强度提高。氧化热处理的深度取决于氧化热处理的时间及温度。轻度氧化热处理只在型煤的表层进行,形成一层薄薄的硬壳,这种处理时间为2~3h。深度氧化热处理一直深入到型煤的内部,使型煤具有较高的强度,但氧化的时间较长。氧化过程中分解和挥发的气体是有害气体,因此,废气在排放前需要进行净化。隧道窑、沙浴炉、斜底炉等是氧化热处理的常用设备。

(2)炭化处理。炭化的原理是有一定黏结性的烟煤型煤在一定温度的作用下经历了与炼焦相似的塑性阶段,煤和黏结剂因分解、缩合反应由物理变化变成化学变化,这时再固化就使型煤强度提高而成为型焦。当型煤在较高温度下干馏时,挥发分析出,形成低挥发分、高强度、性质近于高温焦炭的型焦。

炭化处理可在间歇式炭化炉中进行,提高炭化终温,有利于提高型焦强度,适当进行焖炉有利于改善型焦结构,但时间不宜太长,否则将使型焦强度下降,同时降低生产能力。型煤炭化处理最好是分段进行,可以两段供热,即将型煤快速加热到塑性状态,然后放慢加热速度,使其慢慢固化,这样制得的型焦裂纹少、熔融好、强度高。

(二)热压型焦

以弱粘煤或粘煤和不粘煤的配煤,快速加热到塑性温度区(400~500℃)加压成型,所得型煤经过后处理成型焦的工艺为热压型焦工艺(徐振刚等,2001)。热压成型工艺可分为气体热载体和固体热载体两种工艺。

从气体热载体工艺来看,其原料煤是具有黏结性的单种煤,煤加热到塑性温度一般分干燥、预热和快速加热3段进行,有利于充分利用加热气体的热量,使煤粒均匀加热。

而在固体热载体工艺中,黏结性煤只加热到200~350℃之间,低于其软化温度,但低挥发分煤或半焦加热到600~700℃,用作固体热载体,然后与经过预热的黏结性煤充分搅拌混合,使混合煤迅速达到黏结煤的塑性温度区间。

快速加热后需要在某一温度段内恒温一段时间,使其热分解,通过恒温使煤料充分软化熔融。煤料在塑性区间大量热分解之后和硬化之前这一段时间内,成型是最合适的,可以避免热压型煤在成型后的膨胀和开裂。

粉煤变成型焦的最后一道工序是后处理,目的是进一步降低挥发分,提高型煤强度。后处理方式有自热硬化和炭化两种(徐振刚等,2001;刘鹏飞,2004)。

(1)自热硬化方式。又称热焖硬化方式,是利用离开成型机的400℃以上型煤自身的温度,在密闭而绝热的容器内继续热分解,从而硬化成为似焦型煤。这种型焦称为热焖型煤,似焦型煤的挥发分可下降到万分之几。

(2)炭化方式。趁热将型煤装入炭化炉内,炭化温度有低温和高温之分(低温炭化温度约600℃,高温炭化温度为900℃以上),所得产品为热压型焦。挥发分小于15%的热压型煤,用内热式直立炉进行炭化,其加热需要的煤气可以自给自足;挥发分高于15%的热压型煤用外热式直立炉进行炭化,目的是减少型煤在加热过程中因热应力而产生碎裂,加热所需的煤气更能自给。

气体热载体与固体热载体工艺各有其优缺点。气体热载体工艺的优点为:①用煤范围较宽;②工艺较简单,加热控制较容易;③产品质量好,强度高。固体热载体工艺相对于气体热载体工艺来说用煤范围受到一些限制,工艺较为复杂,加热控制较难,产品质量虽耐磨性较差,但裂纹少,型焦块度较完整。

(三)配型煤炼焦

配型煤炼焦工艺是型煤技术在常规炼焦技术中的应用,是把型煤加到炼焦煤里混合装炉炼焦的工艺技术(徐振刚等,2001;张振勇等,2002)。

配型煤炼焦有以下优点。

(1)合理利用并节约炼焦煤资源,在保证焦炭质量的情况下,可比常规炼焦工艺多用10%～20%的弱黏煤和不黏煤,扩大了炼焦用煤的资源,节约了强黏炼焦煤。

(2)改善焦炭质量,可提高焦炭的抗碎强度和耐磨强度,同时还提高焦炭粒度的均匀性。

(3)与煤预热炼焦等新技术相比,配型煤炼焦的基建投资和操作费用都较低。

(4)有利于现有焦化厂的技术改造,只要增加一套生产能力为炼焦能力的1/3的型煤生产装置,即可把常规炼焦改为配型煤炼焦。

第五章 水煤浆

第一节 水煤浆概述

一、水煤浆的定义

水煤浆是一种新型的煤基流体清洁环保燃料,既保留了煤的燃烧特性,又具备了类似重油的流动性和稳定性(姚强等,2005)。水煤浆通常是由60%～70%的煤粉、30%～40%的水和少量化学添加剂组成的混合物,它外观像油,流动性好,储存稳定(一般3～6个月不沉淀),运输方便,燃烧效率高,污染物排放低,具有很强的实用性和商业推广价值。

水煤浆用途十分广泛,可以像油一样的管运、储存、泵送、雾化和稳定着火燃烧,可直接代替燃煤、燃油作为锅炉燃料,还是理想的气化原料,产生的煤气可以用于煤化工或用于联合循环发电。对于特制的精细水煤浆,还可以作为燃气轮机的燃料使用(姚强等,2005;岑可法等,1997)。

二、水煤浆的分类及其用途

1. 高浓度水煤浆

高浓度水煤浆是指平均粒径小于0.06mm,且有一定级配细度的煤粉与水混合,浓度在60%以上,黏度在1500mPa·s以下,稳定性在一个月内不产生硬沉淀,可长距离泵送、雾化直接燃烧的浆状煤炭产品(郝临山等,2003)。

需要强调的是,水煤浆浓度是指浆中含绝对干煤的重量百分数,水煤浆的含水量包括原煤的水分和制浆过程中加入的水量。通常制浆用煤已经含有5%～8%的水分(甚至更多),制浆过程中加入的水量是浆的浓度水量与原煤水分的差值。

2. 中浓度水煤浆

中浓度水煤浆是指平均粒径小于0.3mm,且有一定级配细度的煤粉与水混合,煤水比为1∶1左右,具有较好的流动性和稳定性,可远距离泵送的浆状煤炭产品。主要适用于远距离管道输送,可终端脱水浓缩燃烧。

3. 精细水煤浆

精细水煤浆是指用超低灰($A<1\%$)精煤经过超细磨碎,粒度上限在44μm,平均粒度小于10μm,浓度50%以上,表观黏度小于400mPa·s,是重柴油的一种代替燃料,可用于低速柴油

机、燃气轮机直接代油使用。

4. 煤泥水煤浆

煤泥水煤浆是指利用洗煤厂生产过程中产生的煤泥,保持55%左右的浓度就地应用的浆状煤炭燃料。多用于工业锅炉的掺烧。

水煤浆的具体分类见表5-1。

表 5-1 水煤浆的种类及用途(据郝临山等,2003)

水煤浆种类	水煤浆特征	使用方式	用途
高浓度水煤浆	煤水比约2:1或浓度大于60%	泵送、雾化	直接作锅炉燃料(代油、气化原料)
中浓度水煤浆	煤水比约1:1或浓度约50%,一般不加添加剂	管道输送	终端脱水供燃煤锅炉,也可终端脱水再制浆
精细水煤浆	粒度上限在44μm,平均粒度小于10μm,灰分小于1%,浓度50%以上	替代油燃料	内燃机直接燃用
煤泥水煤浆	灰分25%~50%,浓度50%~65%	泵送炉内	燃煤锅炉
超纯水煤浆	灰分0.1%~0.5%	直接作燃料	燃油、燃气锅炉
原煤水煤浆	原煤不经洗选制浆	直接作煤燃料	燃煤锅炉、工业窑炉
脱硫型水煤浆	煤浆加入CaO或有机碱液固硫	泵送炉内	脱硫率可达50%~60%

三、水煤浆的特性

水煤浆作为一种替代燃料,除了具有原有煤的性质,如发热量、灰熔性、各组分含量之外,还具有一些特殊的性质要求(姚强等,2005)。

1. 水煤浆的浓度

水煤浆的浓度是指固体煤粉的质量浓度,它直接影响到水煤浆的着火特性和热值。浓度越大,含水量就越小,就越容易点燃且发热量高。但浓度的提高会影响到水煤浆的流动性,通常根据实际需要和煤质特性,将浓度控制在60%~70%之间。

2. 煤粉的粒度

水煤浆中煤粉的粒度对水煤浆的流变性、稳定性以及燃烧特性影响很大,同时合理的粒径分布还有利于达到较高的水煤浆浓度。一般情况下,煤炭的最大粒径不超过300μm,且小于74μm的颗粒含量不少于75%。

3. 水煤浆的流变特性

流变性用于描述非均质流体的流动特性,它是影响水煤浆储存的稳定性、输运的流动性、雾化及燃烧效果的重要因素,一般用剪切应力-切变率关系来表示,常用的参数为黏度。水煤浆属于非牛顿流体,黏度随速度梯度(即剪切速率)的大小而变。

为了便于利用,在不同的剪切速率或温度下,要求水煤浆能表现出不同的黏度值。当其静止时,要求其表现出高黏度,防止沉淀,以利于存放;当其受到外力时,能迅速降低黏度,体现出流动性,便于输运,即具有良好的触变性,或称"剪切变稀"特性。此外,水煤浆还需要类似油的黏温特性,升温后黏度明显降低,易于雾化,可提高燃烧效率。

4. 水煤浆的稳定性

作为一种固液两相混合物,水煤浆容易发生固液分离,生成沉淀物。水煤浆的稳定性是指其维持不产生硬沉淀的性能,所谓硬沉淀就是无法通过搅拌使水煤浆重新恢复均匀状态的沉淀,反之称为软沉淀。通常要求的水煤浆存放稳定期为3个月。

上述水煤浆的特性是衡量水煤浆质量的重要指标,但其中有些特性之间是相互制约的,如浓度高会引起黏度增大,流动性变差;黏度低有利于泵送、雾化和燃烧,但却会使稳定性降低等,因此必须根据水煤浆的实际用途来协调其各参数。

四、发展水煤浆技术的重要意义

水煤浆技术是洁净煤技术的一个重要组成部分,发展水煤浆技术具有十分重要的意义。

1. 水煤浆替代燃油,经济效益显著,战略意义重大

我国是一个煤炭资源丰富而石油资源相对短缺的国家,随着我国工业化进程的加快,未来对原油需求呈强劲的增长趋势,预计到2020年我国石油的进口量将超过全国需求的50%以上。面对日趋严峻的石油供求形势和国际油价变动的不确定性,必须从我国经济发展全局出发,结合我国资源、技术和经济条件,寻求行之有效的替代技术,以缓解石油进口的压力。

以煤代油是国家的一项基本能源政策。1996年,江泽民总书记亲临中国煤炭科学研究总院水煤浆实验现场考察时指出:"从战略上看,中国煤炭资源丰富,要充分发挥煤的作用,中国的燃料在相当长的时间内要依靠煤炭,应该把水煤浆技术作为一个战略问题来考虑,这是一件十分重要的工作。"随后经国务院批准,原国家计划委员会、原国家经济贸易委员会明确列出了"水煤浆技术开发"为国家重点鼓励和发展的技术及产业。

用水煤浆代替油潜在市场很大。据估计,若用水煤浆代替,每年可代油4000万t以上,节约燃料费200亿元以上,经济效益十分可观,因此,发展水煤浆替代燃料油技术前景良好。此外,我国煤多油少,以煤代油具有重要的战略意义。

2. 水煤浆替代煤炭直接燃烧,环保效益好

我国是目前少数几个以煤为主要一次能源的国家之一,因燃煤产生的大气污染,以及由此诱发的酸雨、温室效应等环境问题不仅影响工农业的发展,而且影响人民生活。以煤为主的能源结构带来的严重环境污染已成为我国经济发展和社会进步的制约因素。

制备水煤浆的原料煤都经过洗选加工,含灰量和含硫量都大大降低,因此以水煤浆代煤燃烧,不仅燃烧效率高,而且SO_2、NO_x以及烟尘排放浓度低,是一种很好的清洁环保燃料。

另外,利用矿区洗选排出的煤泥制备成经济型水煤浆,不仅可变废为宝、节约煤炭、改善矿区环境,同时还可以改善煤炭产品的结构,提高煤矿经济效益。

3. 水煤浆作为气化燃料用于化工及煤气化联合循环发电

以水煤浆为原料,通过德士古炉加压气化技术合成氨、合成尿素等,不仅可以解决过去只能用无烟块煤、焦炭造气的问题,还能实现煤种适应性强、自动化水平高、"三废"污染轻、能耗低的优势。统计资料表明,每吨合成氨的消耗,用水煤浆比用无烟块煤可降低煤耗 0.8t,生产成本降低 230 元/t,经济效益明显。

另外,借助先进气化技术,水煤浆还可以用于联合循环发电,与常规的燃煤电厂相比效率可提高 5%~6%,热耗降低 9%,发电成本降低 18%左右,并且环保效益显著。应用水煤浆煤气化联合循环发电是今后煤炭气化及煤电转化的重要方向。

4. 水煤浆可以管道输送,运营费用低

我国煤炭的区域分布极不平均,不仅铁路运输的负担重,还造成沿途环境的污染。而水煤浆的管道输送可以像输油一样方便、可靠,其基建投资省,建设周期短,占地少,地形适应性强,运营费用低。水煤浆管道输送在很大程度上缓解了煤炭运输压力,降低了环境污染。

第二节 水煤浆的制备

一、制浆煤种的选择

对制备水煤浆的原煤要求成浆性好,燃烧性能好。仅从煤的成浆性考虑,炼焦用煤是制备水煤浆的最佳原料,但从我国煤炭资源结构来看,炼焦煤种资源少,用其制浆,势必与炼焦工业争原料,影响炼焦工业的发展。各煤种储量比例和特性如表 5-2 所示。

表 5-2 各煤种储量比例和特性(据郝临山等,2003)

煤种	无烟煤	贫煤	瘦煤	焦煤	肥煤	气煤	弱黏煤	不黏煤	长焰煤	褐煤
比例(%)	8.99	2.23	3.06	3.34	5.71	11.08	3.37	29.98	24.51	7.73
燃烧性	差			中等		良好				
成浆性	好			很好			不好			很不好

从表 5-2 可以看出,我国低阶动力煤种资源丰富,其价格大约是中阶煤的一半,产品成本低。特别是我国许多低阶煤(如神木和大同),不必入洗就是"三低"、"两高"(低灰、低硫、低磷、高挥发分、高发热量)的优质动力煤,尽管其成浆性不如炼焦煤种,但也能制备出高浓度浆。所以我国制浆用煤应定位于动力煤,特别是低阶动力煤。

二、级配技术

级配技术是水煤浆制备的关键技术之一。制备高浓度水煤浆,要求水煤浆中的大小煤粒相互填充,达到较高的堆积密实度,即煤粉大颗粒间的空隙由小颗粒充填,小颗粒的空隙由更小的颗粒充填,使得煤粒间产生较高的堆积效率(常大于等于 70%),形成空隙最小的堆积,这样就可以减少水的消耗,容易制成高浓度水煤浆。

制浆中的煤粉属于粒径连续分布的颗粒群,研究其堆积特性必须建立描述粒度分布的数学模型,最常用的粒度分布模型有 Rosin-Rammler 模型和 Alfred 模型。水煤浆的粒度分布若符合或接近上述模型,则水煤浆的粒度分布合理,堆积效率最高,预测浓度最大。

中国矿业大学开发的"给定浓度分布计算堆积效率与制浆浓度预测软件",可计算任意粒度分布的堆积效率,预测可制浆浓度,据此评价粒度分布的优劣,分析和改进制浆工艺,指导水煤浆生产。此外,该校还提出了"隔层堆积理论",不但已成功地用于指导制浆实验,而且通过实验或在计算机模拟中获得了证明,逐步发展成了一种更为实用的最优粒度分布理论。通过隔层堆积理论,采用该软件进行模拟计算得到了堆积效率与模型参数 n 之间的关系(图 5-1)。图 5-1 表明,对于 Alfred 粒度分布,最佳的模型参数 n 值在 0.3 左右;而 Rosin-Rammler 分布的 n 值则为 0.7~0.8。

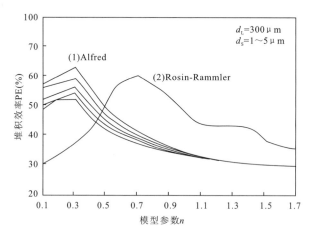

图 5-1 不同模型参数 n 与堆积效率的关系对比图
(据郝临山等,2003)

Rosin-Rammler 粒度分布的堆积效率虽然比 Alfred 分布的略低,但仍可满足制备高浓度水煤浆的需要,而且在生产中容易实现。此外,Rosin-Rammler 分布的堆积效率关系曲线更平缓些,也就是参数 n 对堆积效率的影响没有 Alfred 分布那么敏感,在实际生产中有较强的参数适应性。因此,我国制备水煤浆不是按照国外常用的 Alfred 分布模型,而是采用 Rosin-Rammler 分布模型,实践证明效果良好。

三、制浆工艺

(一)制浆工艺的主要环节及功能

水煤浆制备工艺通常包括洗选、破碎和磨矿、混合和搅拌、过滤加工等环节,其中,磨矿是制备过程中的关键环节(郝临山等,2003)。与其他工业中的磨矿不同,水煤浆工艺的磨矿不但要求达到一定的细度,更重要的是产品应具有较好的粒度分布。

1. 洗选

通过洗选对煤进行净化,除去煤中的部分灰分和硫分等杂质。除制备超低灰(灰分小于 1%)精细水煤浆外,制浆用煤的分选采用常规的选煤方法。大多数情况下选煤应设在磨矿前,只有当煤中矿物杂质嵌布很细,需经磨细方可解离杂质选出合格制浆用煤时,才考虑采用磨矿后再选煤的工艺。

2. 破碎和磨矿

破碎和磨矿是为了将煤炭磨碎至所要求的细度,并使粒度分布具有较高的堆积效率,是制浆中最为重要也是能耗最大的环节。为了减少磨矿功耗,除特殊情况外(如利用粉煤或煤泥制浆),磨矿前必须先经破碎。

磨矿可采用干法或湿法,可以是一段磨矿,也可以是由多台磨机构成的多段磨矿。原则上各种类型的磨机都可以用于制浆。

3. 混合和搅拌

混合只是在干磨与中浓度湿磨工艺中采用,其作用是使磨制后的产物经过脱水所得滤饼能与水和分散剂均匀混合,并初步形成有一定流动性的浆体,便于后续搅拌。

搅拌在制浆过程中有不同的用途。它不仅仅是为了使煤浆混匀,还具有在搅拌过程中使煤浆受到强力剪切,加强添加剂与煤粒表面间作用,改善浆体流变性能的功能。在制浆工艺的不同环节,搅拌所起的作用也不完全相同。虽然同样都称之为搅拌,但不同环节上使用的搅拌设备应选择不同的结构和运行参数。

4. 过滤加工

制浆过程中必然会产生一部分粗颗粒和混入杂物,它将给储运和燃烧带来困难,所以产品在装入储罐前应有杂物剔除环节,一般用可连续工作的筛网滤浆器。

(二)制浆工艺

磨矿可采用干法和湿法。由于干法磨矿制浆存在许多缺点(如功耗高,矿粒表面易氧化,安全和环境条件较差,等等),目前主要采用的是湿法制浆工艺(姚强等,2005)。湿法制浆工艺从原料上分,有末煤制浆和浮选精煤制浆两种;从制浆的浓度上分,有高浓度制浆、中浓度制浆和高、中浓度级配制浆。

高浓度磨矿制浆工艺的特点是将煤、分散剂和水一起加入磨机,磨矿产品就是高浓度水煤浆。如果需要进一步提高水煤浆的稳定性,还需要加入适量的稳定剂。加入稳定剂后还需要经搅拌混匀、剪切,使浆体进一步熟化。进入储罐前还必须经过滤浆,去除杂物。

高浓度磨矿制浆工艺有许多优点,工艺流程简单,表面可黏附较多的煤浆,有利于产生较多的细粒改善粒度分布,分散剂直接加入磨机可在磨矿过程中很好地与煤粒新生表面接触,从而提高制浆效果,可省去混合与搅拌工序。但高浓度磨矿能力较中浓度磨矿的低,要很好地掌握磨机的结构与运行参数,以免因煤浆黏度过高而丧失磨矿功效。此外,由于只有一台磨机,对水煤浆产品粒度分布的调整有一定的局限性。但在良好的工况下运行时,该工艺的产品粒度分布可获得72%左右的堆积效率,能满足多数煤炭制浆的需要,所以高浓度磨矿制浆工艺是用途最广的一种制浆工艺,我国自己建设的制浆厂大都采用此工艺。

结合选煤厂建制浆厂是我国在发展水煤浆工业中总结的一项特有的宝贵经验,至今在其他国家中尚未见采用。选煤厂是煤炭加工的基地,结合选煤建制浆厂,制浆原料的质量就有了可靠的保证,选煤厂还可以根据本矿煤炭资源的特点,合理规划产品结构,从中确定制浆的最佳方案。用选煤厂浮选精煤制水煤浆可改善选煤厂的产品结构,降低精煤水分和灰分,提高精

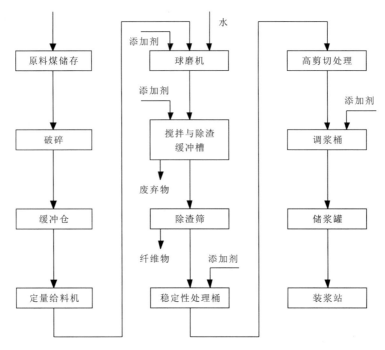

图 5-2 高浓度制浆工艺图
（据郝临山等，2003）

煤产品的质量，增加产品的市场竞争力，从而提高经济效益。利用选煤厂煤泥为原料制浆，不但利用了煤泥，提高了煤炭资源的利用率，而且减少了污染，改善了矿区环境。

四、水煤浆添加剂

水煤浆添加剂是制备高浓度水煤浆的重要因素，直接关系到制浆产品质量的好坏。在水煤浆的制备过程中须加入一定量的化学添加剂，以保证水煤浆具有高浓度低黏度、良好的流动性和稳定性。添加剂按其功能不同，有分散剂、稳定剂及辅助药剂，其中不可缺少的是分散剂与稳定剂（郝临山等，2003）。添加剂与原煤和水的性质密切相关，合理的添加剂配方必须根据制浆用煤的性质和用户对水煤浆产品质量的要求，经过试验后方可确定。

（一）分散剂

分散剂一般是具有亲水基的两性化学物质，其作用主要是靠煤非极性表面的天然疏水性对分散剂疏水部分的吸附，使得亲水基朝外，大大提高煤粒表面的润湿性，改变煤粒间的表面特性，煤颗粒均匀地分散在水中，防止颗粒团聚。分散剂的要求：稳定性好，煤种适应性强，用量少效果好，价格实惠。分散剂效果的好坏对不同的煤种也不尽相同，主要取决于分散剂与煤种的性质、煤粒表面结构与特性等，而水质（如 pH 值、杂质含量等）对分散剂效果的影响也不可忽视。

分散剂按离解程度可分为离子型与非离子型两大类，离子型又可按电荷的属性分为阴离子型、阳离子型和两性型 3 类。用于水煤浆的分散剂主要是阴离子型和非离子型。阴离子型分散剂亲水基多为碱性的钠离子,其分散性能多不如非离子型分散剂,但是其原料来源广泛,生产工艺简单,价格低廉,目前普遍应用的有萘磺酸盐、木质素磺酸盐、磺化腐植酸盐和烯烃磺酸盐。非离子型分散剂的亲水端多为聚氧乙烯链,而亲固端是烷基、烷基苯或烷基苯氨酸等,可用通式 R-$(CH_2CH_2O)_n$H 表示。其特点是分子量大,主要优点是亲水性好,分子量和质量易于调节与控制,不易受水质及煤种可溶物质的影响,但价格昂贵。

分散剂的作用机理如下(郝临山等,2003;刘鹏飞,2004)。

1. 提高煤表面的亲水性

分散剂分子的一端是由碳氢化合物构成的非极性基,另一端是亲水的极性基,非极性的疏水端极易与碳氢化合物的煤炭表面结合,吸附在煤粒表面上,将另一端亲水基朝外向水中。极性基的强亲水性使煤粒的疏水表面转化为亲水,可形成一层水化膜。借水化膜将煤粒隔离开,减少煤粒间的阻力,从而达到降低黏度的作用。

试验表明,分散剂应有很好的水溶性,但绝非对煤的润湿性越好,降黏效果越佳。润湿剂、渗透剂能使煤粒变得极为亲水(接触角等于零),但它们决不能作水煤浆分散剂使用。

2. 增强颗粒间的静电斥力

著名的 DLVO 理论认为,胶体颗粒稳定分散的先决条件是粒间的静电斥力超过粒间的范氏引力。离子型分散剂除能改善煤表面的亲水性外,还能增强其静电斥力,进一步促使煤粒分散于水介质中。

尽管人们十分重视静电斥力对煤粒分散悬浮的稳定作用,有些人甚至认为分散剂的主要作用在于改变煤粒的表面电性,断言滑动面与溶液内部间的电位差 ζ,即电动电位达到 $-50mV$ 时,水煤浆就有所希望的流动性和稳定性。但大量的研究表明,提高电位值有利于改善水煤浆的流动性,反之则有益于其稳定性,但都不起决定性作用。

3. 空间隔离位阻效应

水化膜中的水与体系中的"自由水"不同,它因受到表面电场的吸引而呈定向排列。当颗粒相互靠近时,水化膜受挤压变形,引力则力图恢复原来的定向,这样就使水化膜表现出一定的弹性,使煤粒均匀分散且颗粒表面的分散剂具有一定的厚度,当两个带吸附层的颗粒相互重叠时,由于吸附层分散剂分子运动的自由度受到妨碍,吸附分子的熵减少,因为体系的熵总是自发地向增加的方向发展,所以颗粒有再次分开的倾向,避免颗粒聚集。

当分散剂为大分子时,被吸附分子有长的亲水链,在煤表面形成三维水化膜,当颗粒相互接近时,产生较强的排斥力,导致煤粒分散悬浮,该斥力即为空间隔离位阻或立体障碍。总之,高效水煤浆分散剂的特点是有效地吸附在煤表面,提高煤的亲水性,并能在煤表面形成双电层和立体障碍。

(二)稳定剂

稳定剂的作用是煤浆中已分散的煤粒能与周围其他煤粒及水结合成一种较弱但又有一定强度的三维空间结构,使已分散的煤颗粒相互交联,能较长时间地稳定悬浮于水中,不发生硬沉淀。

稳定剂作用机理的研究不如分散剂深入,目前主要观点如下(刘鹏飞,2004)。①无机电解质,特别是含高价阳离子盐类的作用,一是压缩双电层,降低静电排斥力,促进颗粒聚结,二是对已吸附有阴离子表面活性剂分子的颗粒起"搭桥"作用,从而形成如图 5-3(a)所示的结构。②高聚物的特点是分子的线形长度大,而且每个分子都有许多极性官能团,通过氢键或其他键合作用(如共价键),在煤颗粒间架桥形成结构,如图 5-3(b)所示。

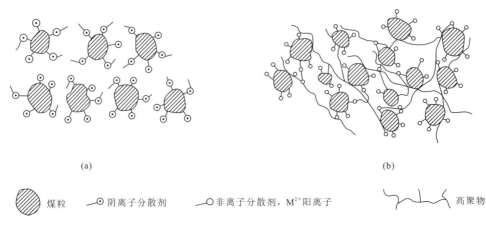

图 5-3　稳定剂作用机理示意图
(据郝临山等,2003)
(a)无机化合物;(b)高聚物

当有分散剂时,煤粒表面有较厚的水化膜,与没有分散剂时相比,形成结构的速度要慢得多。这些极性官能团和水分子有较强的亲和力,因而浆体不易析水沉淀。结构形成后,水被包裹在结构的空隙内,浆的黏度升高,尤其有高的静切应力,有利于稳定。但在外力作用下,结构破坏放出水,黏度明显下降。同样,当外力去除后,结构恢复也要有个过程,因而显示出触变性。该性质对水煤浆的储存、输送、雾化有十分重要的意义。

稳定剂的用量视煤炭性质及所需的稳定期而定,一般为煤量的万分之几至千分之几。与分散剂有所不同,没有分散剂则制不出高浓度的水煤浆,而稳定剂并非任何时候都需要,如对变质程度高或黏土含量高的煤种制浆,仅分散剂就可起到较好的稳定作用,一般无须再加稳定剂。

除了分散剂和稳定剂,其他的辅助添加剂包括消泡剂、调整剂、促进剂、防霉剂和表面处理剂等(郝临山等,2003;刘鹏飞,2004),在此就不一一介绍了。

第三节　水煤浆的储运

水煤浆技术是一个系统性很强的综合技术,主要包括 3 个环节,即制浆技术、储运技术和燃烧技术。而储运技术在整个系统中占有重要位置,对水煤浆技术的推广起着举足轻重的作用(郝临山等,2003;刘鹏飞,2004)。

一、装储技术

目前,国内已经有从 $10m^3$ 到 $5000m^3$ 不同用途和不同系列的装储容器,包括 $10m^3$、$15m^3$、

50m³、150m³、250m³容积中间缓冲罐和400m³、800m³、1000m³、1500m³、3000m³、5000m³的储存罐和装车罐。

实践证明,水煤浆有一定的结构性和流变性,在稳定储存一段时间后,都会出现结构化,对不同类型流变性能的浆体也会产生一些软沉淀和表面析水现象,但注意下列几个问题后,一般条件下,可以储存较长时间。

(1)在容器内设置机械搅拌装置(常为机械式搅拌),以保证浆体的触变性,并使浆体全面均匀地流动,减少或不产生死角。

(2)应绝对避免混入其他水,以防破坏添加剂与煤粒表面的离子亲合作用而产生沉淀。

(3)各种不同煤种、不同规格煤浆(浓度级配要接近),一般情况下可以混装,但对水煤浆使用的药剂和水质要进行实验分析,以避免破坏浆体中药剂与煤表面间的物理化学性质。

(4)水煤浆在罐内的最佳储存温度为20~30℃。为此,应采取措施在罐壁外侧加装热水加热管,全罐加装保温层,冬季进行加温和保温,夏季防晒。

二、水煤浆运输

水煤浆可采用罐车、船舶或管道等多种不同方式进行输送。

(1)罐车运输。有铁路和公路运输。汽车罐车一般用于短途运输,铁路罐车宜于长距离输送。罐车装载有两种方式,一是采用高位储罐利用液体高差自流装载;二是渣浆泵将水煤浆由储罐装入罐车。罐车在长距离运输中,要求水煤浆保持不产生沉淀,高寒地区不冻结和罐车达到一定的装满高度以保持其稳定行驶。罐车卸载可采用自流或泵抽放。为实现快速自流卸浆,可加大罐车排浆口孔径,并向罐内充气提高排出速度。采用泵抽排放时,应根据排放距离选择泵的类型。在排送压力低于0.5MPa时用离心渣浆泵,排放压力高则采用曲杆泵或往复泵。如采用铁路运输,要对重油罐车进行改造,使之能防蒸发、防冻结,即要达到一定的装满度而又不超重,同时还应满足能快速和便于清洗的要求。

(2)水上运输。主要环节是港口装卸和船舶。港口装卸设施要有大型储罐、泵和管道。为缩短装卸时间,要采用大流量的离心渣泵或双螺杆泵。运输水煤浆的船只,宜采用双层壳体的隔舱结构,并配备防止水煤浆沉淀的舱内浆体循环系统和防冻加温装置。船运水煤浆比铁路运输费用低,且船运水煤浆比水运煤炭的费用还低,加上封闭式装卸对港口无污染,所以,水煤浆的水上运输比铁路运输更具有优越性。

(3)管道运输。煤浆管道输送由于具有运量大、管道埋设在地下占地少、不受气候条件影响、对复杂地形适应性强、密闭运输不污染环境、长距离输送费用低及易于实现全线自动控制等优点,是煤浆运输最有竞争力的一种方式,也是一种有效的煤炭运输方式。适合管道运输的水煤浆有高浓度和中浓度水煤浆,煤浆性质不同,相应的管道输送工艺有一定的差别(郝临山等,2003)。

高浓度水煤浆输送的工艺流程为:

煤浆制备→输送→燃烧

中浓度水煤浆输送的工艺流程为:

煤浆制备→输送→脱水→再制备→燃烧

由于高浓度水煤浆的黏度较高,必须采用低速在层流下进行管道输送,才能使压力损失较低,通常流速以0.7m/s为宜。对直径超过500mm的管道,输送压力损失低于0.1MPa/km。

中浓度水煤浆管道运输的两个关键的水力参数为管道的临界流速和摩阻损失。由于中浓度水煤浆为沉淀性浆体,当平均流速低于临界流速,流动的湍动力减小,固体颗粒在重力作用下由悬浮状态向管底沉积,影响管道正常输送甚至发生堵管事故,所以流速应高于临界流速0.3m/s左右。管径大于500mm,其输送流速为1.75m/s,压力损失一般不超过0.07MPa/km。

第四节　水煤浆的燃烧及应用前景

一、水煤浆的燃烧

水煤浆的燃烧不同于煤或煤粉及石油、天然气的燃烧,是煤水混合物的雾化燃烧,是一种特殊的燃烧方式,可分为5个阶段(郝临山等,2003;岑可法等,1997)。第一阶段,蒸发水分预热,雾化成包含若干煤粉颗粒的细小浆滴;第二阶段,加速加热水分完全蒸发,煤浆颗粒结团;第三阶段,水煤浆中的挥发分析出并着火,即通常的煤粉燃烧形成火焰阶段;第四阶段,强力燃烧阶段,并伴有水煤气反应;第五阶段,燃尽阶段。

水煤浆燃烧过程的基本原理,是依靠水煤浆在入炉前燃烧器处预热蒸发,并通过喷嘴使煤、水、蒸汽在不同压力下,合理配合雾化,使煤颗粒均匀雾化,以利于快速蒸发和高效率燃烧,其目的是提高燃烧效率,减少SO_2和NO_x的生成。

由于水煤浆的燃烧过程与常规煤粉燃烧过程显著不同,因而具有以下特点。

(1)由于水煤浆含有30%~35%的水分,燃烧时蒸发水分需要吸收热量,所以水煤浆的着火热量要比煤粉的着火热量高(表5-3)。水煤浆以喷雾方式进入燃烧区,入口速度很高,一般要达到200~300m/s,约为普通煤粉燃烧一次风速的10倍,所以尽管水分蒸发得很快,但仍然存在0.5~1m的脱火距离。

表5-3　水煤浆着火热值(据岑可法等,1997)

水煤浆中的水分(%)	水分蒸发热占总着火热的比例(%)	水煤浆与煤粉着火热之比
0	0	1.0
20	0.34	1.44
30	0.47	1.66
40	0.58	1.87

(2)虽然水煤浆中水分的蒸发会浪费部分热值(3%~4%),但由于水煤浆雾滴在经干燥和析出挥发分后,所形成的炭粒比煤粉颗粒具有更大的比表面积和微孔容积(表5-4),从而更有利于提高煤粒的燃烧速度和焦炭的燃尽,因此其燃烧特性要优于普通煤粉颗粒燃烧。工业实验结果表明,水煤浆的燃烧效率可以达到99.8%。

表 5-4　水煤浆和煤粉残炭物理性质对比（据郝临山,2003）

物理性质	水煤浆残炭	煤粉残炭
比表面积(m^2/g)	208	115
微孔容积(mL/g)	0.12	0.08

（3）水煤浆在着火方面比煤粉要困难,通常是不能直接点燃的,在引燃水煤浆之前用柴油或天然气将炉内加热升温至适宜点燃的温度,方可切断柴油或天然气,再喷入水煤浆燃烧,而且,还必须采用比燃烧煤粉更有效的稳定着火技术。良好的雾化效果和合理的配风是水煤浆稳定、安全燃烧的重要条件。水煤浆的雾化效果越好,其浆滴的粒径越小,越容易着火,还可以提高燃烧的效率。而配风器产生的空气动力场必须能与水煤浆雾化炬结构配合良好,并使部分高温烟气回流(在中心部位出现负压,形成回流)迅速点燃雾炬,所以多采用旋流式燃烧器（图 5-4）。

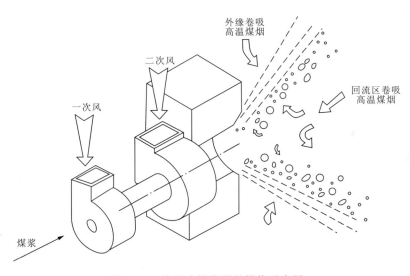

图 5-4　旋流式燃烧器的燃烧示意图
（据岑可法等,1997）

（4）燃烧水煤浆时所产生的烟尘静电可收集性优于燃烧煤粉,这是因为在制备水煤浆时,往往需要添加一些含钠的化学药剂,致使烟尘中的 Na_2O 含量较高,电阻率下降,从而有利于燃烧后烟尘静电除尘。

（5）水煤浆在制备过程中(洗选)可以除去部分硫分,而且还可以在水煤浆的制备过程中加入一定比例的石灰石粉,从而在水煤浆的燃烧过程中进行脱硫。试验表明,当燃烧温度在1200~1250℃范围内,脱硫率可以达到50%,从而显著减少排烟中 SO_2 的浓度。另外,水煤浆的燃烧温度比常规煤粉炉燃烧温度(1400~1500℃)要低 100~200℃,使得 NO_x 的生成量也显著降低。

二、水煤浆的应用及前景

(一)水煤浆的应用

水煤浆作为低污染的液体燃料,可以应用在电力、冶金、建材、化工等许多行业中(岑可法等,1997;姚强等,2005),主要可分为直接燃烧和水煤浆气化,其中直接燃烧包括在电站锅炉、工业锅炉和工业窑炉中的应用;水煤浆气化则以德士古气化炉为代表,将在煤气化的相关章节详细介绍。

(1)在电站锅炉的应用。对燃油电站锅炉进行改造,以燃用较为廉价的水煤浆,是水煤浆最主要的用途。2002年在电站锅炉上共燃用水煤浆82.9万吨,占全国水煤浆厂生产量的83.3%。从工业应用的实际来看,锅炉燃烧水煤浆的结焦和除渣问题与相同容量的煤粉锅炉一样容易解决,因而在解决好喷嘴雾化、煤浆初期稳定着火等技术后,水煤浆在电站锅炉中的应用技术上是成熟的。与燃油相比,燃烧水煤浆能带来明显的经济效益,但考虑到水煤浆比煤价高出较多,电站锅炉燃烧水煤浆在经济上不占优势。

(2)在工业锅炉的应用。由于我国的工业锅炉数量巨大,水煤浆在工业锅炉上的应用具有很大的市场潜力。然而工业锅炉也暴露出一些问题:由于锅炉的炉型众多,结构和布置情况千差万别,因而改造后的效果也有所不同。尤其是对中小型锅炉的改造,燃烧水煤浆面临着结焦、燃烧稳定、除灰除渣等技术难题。另外,水煤浆的供应与性质的稳定也是一大难题。水煤浆技术是一个系统工程,在工业锅炉上的应用必须进行系统的、全局的考虑。

(3)在工业窑炉的应用。近年来水煤浆代替燃油大量试用于各类工业窑炉,如冶金、建材、化工和机械等,其燃烧设备由原来燃用柴油、重油和天然气改为水煤浆,不仅满足了加热的工艺要求、优化了工艺,而且还可以获得十分显著的经济效益。

(二)水煤浆的发展历史及前景

我国水煤浆的研究起始于20世纪70年代,在其后的20年中,水煤浆的国家科技攻关和技术应用先后取得了国家、省部级研究成果数十项,并得到了工业化应用和推广,同时我国自主设计生产水平也有了飞速的提高,制浆工艺和添加剂性能均已达到了国际先进水平。截至2002年底,我国共有水煤浆厂15座,设计能力约426万吨/年,是1997年的6.5倍,水煤浆厂的数量和总生产能力均居世界第一位。

作为我国洁净煤技术的组成部分,水煤浆有其特殊的优越性,但对于其发展还需要认识到以下几点(姚强等,2005)。

(1)水煤浆技术是一门涉及到多门学科的技术,包括煤浆的制备、储运、装卸、燃烧等技术,虽然在水煤浆技术的各领域都取得了长足的发展,但其应用范围有一定的限制,一般对于大型燃油锅炉不适于改用煤粉时才有意义。

(2)水煤浆的一大主要缺点就是其制备和运输要消耗较多的电力及水,制备一吨水煤浆耗电 $40 \sim 60 \mathrm{kW \cdot h}$。

(3)水煤浆制备对煤的质量要求较高,需低灰、低硫精煤,水煤浆代替燃油可体现出其经济效益,而代替煤粉燃烧则意义不大。以美国等发达国家为例,虽然其水煤浆发展历史较早,而且技术成熟,但仍未得到大范围的推广,在我国这一应用也受到了一定的限制,并没有大规模推广。

第六章 煤的气化

第一节 煤气化的概述

一、煤气化的定义

煤的气化过程是一个热化学的过程,以煤或煤焦为原料,以氧气(或空气)、蒸汽或氢气为气化剂(又称气化介质),在高温的条件下,通过部分氧化反应将原料煤从固体燃料转化为气体燃料(即煤气)的过程(许世森等,2006)。

根据所采用的气化剂的不同(空气、纯氧、富氧空气、水蒸汽、二氧化碳等)和气化工艺的不同,能够制得各种不同成分、不同热值的煤气,以适应各种不同的用途。

1. 气化与燃烧的区别

从化学反应动力学的角度,煤的气化和燃烧都属于氧化过程。在氧气充足的情况下,煤将发生完全氧化反应,其所有的化学能最终都转化为热能,这个过程就是燃烧。如果减少氧气量,那么释放出的热量就会减少,同时煤中剩余的潜在化学能就会转移到生成的气体产物中,如 H_2、CO、CH_4 等。

因此,如果希望气体产物中的化学能更大些,从理论上讲就是继续减少供氧量,但是实际上需有个限度,否则碳转化效率会大大降低。煤气化过程的实质就是通过控制供氧量,使煤通过部分氧化反应转化成具有一定潜在化学能的气体燃料的过程。

2. 气化与干馏的区别

气化不同于干馏,干馏是煤炭在隔绝空气的条件下,在一定温度范围内发生热解,生成固体焦炭、液体焦油和煤气的过程,它是一个全热解的过程。而气化不仅具有高温热解的过程,同时还通过与气化剂的部分氧化过程将煤中的碳转化为气体产物。

从转化程度来看,干馏技术将煤本身不到10%的碳转化为可燃气体混合产物,而气化则可将碳完全转化。因而对于气化和干馏还有一种理解:将煤的气化分为完全气化和部分气化,其中,部分气化就是指干馏技术。

二、煤气化在经济和环保方面的特点

(1)煤气化过程中的热量损失。从热效率的角度,煤炭转化需要消耗一定的能量。特别是在煤气化的过程中,煤的化学能中约15%的热量损失于使煤气冷却至一定温度的冷却水中,所以在同等条件下,直接燃烧煤的热效率要高一些。

(2)煤气利用过程中的热量补偿。在工程实践中,可以采取不同的煤气化工艺制备不同热值的煤气化产物,以适于不同要求,达到更好的经济性。比如,低、中热值煤气制作成本较低,不适合于储存和输送,但价格低廉。如果将低热值煤气就地用于燃烧发电,就可以直接利用煤气化产物的物理显热,或者将这部分热量用于加热锅炉给水,减少煤气化过程中热量的损失,从经济上得到一定程度的补偿。

(3)污染物排放减少。直接燃烧煤的污染要比煤炭转化后燃烧煤气严重得多,而且控制直接燃煤污染的技术难度和费用也要大得多。在煤气的净化过程中,不仅可以比较容易地脱除绝大部分污染物质,还能比较容易地实现煤中硫的有效回收。从减少污染物排放的角度来看,将煤转化成煤气再利用,更加有利于环境保护。

经过长期的发展与工业应用,煤炭气化的工艺、设备和运行技术已经比较成熟及完善。目前,先进的煤气化技术可达到99%的碳转化率,气化炉的总效率可达94%,设备的可用率已经能够满足实际的商业运营要求。

三、煤气化技术的应用领域

目前,煤气化技术的主要应用领域包括以下几个方面(许世森等,2006;刘鹏飞,2004)。

1. 高效、低污染的洁净煤发电

近年来,煤气化的一个重要应用是促进燃煤火力发电向高效、低污染的洁净煤发电技术的方向发展。比如,将煤的气化及煤气燃烧与燃气-蒸汽联合循环动力发电设备有机结合在一起的整体煤气化联合循环发电技术(IGCC)。在该装置中,由煤的气化设备生产的低、中热值煤气,经严格的净化后燃烧,高温燃气驱动燃气轮机发电,燃气轮机排气的余热再用于蒸汽循环装置发电。其突出的优点是电厂的污染排放物(SO_2、NO_x、粉尘等)均符合较严格的环境标准要求。就煤气用于发电而言,这是目前最有前途的组合工艺,可使燃煤发电效率达45%左右。

2. 重要的化工原料

煤气是化工合成产品的基本原料。由煤气化产物可以制取CO和H_2,再应用不同的工艺条件,可以合成多种重要的化工产品。

(1)合成甲烷。采用催化剂,使含有一定比例的氢和一氧化碳的煤气转化为甲烷,从而提高煤气热值,主要用于生产城市煤气和替代天然气。

(2)由氮和氢在高温高压下直接生成合成氨产品。

(3)由煤气化产物合成常用的化工原料,甲醇、乙醇和乙烯等。

(4)将CO和H_2转化为各种液体燃料(即煤的间接液化)。

3. 在冶金行业的应用

煤气化技术在冶金工业中也有广泛的应用。比如,在炼铁过程中,用煤气作为还原剂对铁矿石进行直接还原,可节约优质炼焦用煤。

4. 煤气作为民用燃料

我国原煤产量中的20%左右被用作民用燃料,尽管近年来已有逐年下降的趋势,但民用直接烧煤的能量利用率十分低下,不仅造成资源浪费,而且环境污染严重。改用燃烧城市煤气,可大大提高煤炭的利用效率和改善城市的生活环境。

第二节　煤气化的原理及流程

煤的气化过程是一个复杂的物理化学过程,涉及到的化学反应过程包括温度、压力、反应速度的影响和化学反应平衡及移动等问题(许世森等,2006;陈家仁,2007;王同章,2001)。物理过程包括物料及气化剂的传热、传质、流体力学等。

一、基本原理

煤的气化可大致分为两个阶段:煤的干燥与部分燃烧阶段和煤的气化阶段。煤的气化包括以下几部分:煤炭干燥脱水,热解脱挥发分,挥发分和残余碳(或半焦)的气化反应。

$$原煤颗粒 \xrightarrow{干燥脱水} 干燥颗粒 \xrightarrow{热解} \begin{cases} 残余碳/半焦 \\ 挥发分 \end{cases} \xrightarrow[气化反应]{气化剂} 气化煤气$$

1. 发生煤气化的基本条件

(1)气化原料和气化剂。气化原料一般为煤、焦炭;气化剂可选择空气、空气-蒸汽混合气、富氧空气-蒸汽、氧气-蒸汽、蒸汽或 CO_2 等。

(2)发生气化的反应容器,即煤气化炉或煤气发生炉。气化原料和气化剂被连续送入反应器,在其内完成煤的气化反应,输出粗煤气,并排出煤炭气化后的残余灰渣。煤气发生炉的炉体外壳一般由钢板构成,内衬耐火层,装有加煤和排灰渣设备、调节空气(富氧气体)和水蒸汽用量的装置、鼓风管道和煤气导出管等。

(3)煤气发生炉内保持一定的温度。通过向炉内鼓入一定量的空气或氧气,使部分入炉原料燃烧放热,以此作为炉内反应的热源,使气化反应不间断地进行。根据气化工艺的不同,气化炉内的操作温度亦有较大不同,可分别运行在高温(1100~1200℃)、中温(950~1100℃)或较低的温度(900℃左右)区段。

(4)维持一定的炉内压力。不同的气化工艺所要求的气化炉内的压力也不同,分为常压和加压气化炉,较高的运行压力有利于气化反应的进行和提高煤气的产量。

2. 煤的干燥与部分燃烧阶段

煤的主要干燥阶段发生在 150℃ 以前,在此阶段煤失去大部分水分。之后,煤发生挥发反应,开始释放出挥发性物质,它们主要是煤中可燃物热解生成的气体、焦油蒸汽和有机化合物,以及热分解水所生成的水蒸气等。由于少量氧气的存在,部分可燃气体发生燃烧。与煤种和气化工艺条件有关,挥发反应可能是热中性(即吸热和放热基本平衡)或可能输出热量。

随温度的升高,煤的干燥和气化产物的释放进程大致如下(刘鹏飞,2004)。

100~200℃　放出水分及吸附的 CO_2;
200~300℃　放出 CO_2、CO 和热分解水;
300~400℃　放出焦油蒸汽、CO 和气态碳氢化合物;
400~500℃　焦油蒸汽达到最多,CO 逸出减少直至终止;
500~600℃　放出 H_2、CH_4 和碳氢化合物;
600℃以上　碳氢化合物分解为甲烷和氢。

整个过程从宏观上来看,煤的热解反应如下:

$$煤 \xrightarrow{热解} CH_4\uparrow + C_mH_n\uparrow + 焦油\uparrow + H_2O\uparrow + 焦炭或半焦$$

不同煤种的煤化程度不同,各种煤的热稳定性差别较大。因此,随着温度的升高,挥发性气体释放的速率也不同。在煤气化过程中,对煤化程度低的多水分褐煤,干燥与挥发阶段具有重要的作用,而对烟煤、半焦和无烟煤则意义不大,且除两段气化工艺以外,其他气化工艺中此阶段也不是主要的。

3. 煤的气化阶段及基本反应过程

煤的气化反应是指热解生成的挥发分、残余焦炭颗粒与气化剂发生的复杂反应。与燃烧过程中保持一定的过氧量相反,气化反应是在缺氧状态下进行的,因此,煤气化反应的主要产物是可燃性气体 CO、H_2 和 CH_4,只有小部分的碳被完全氧化为 CO_2,还有少量的 H_2O。一般认为,在煤的气化阶段中发生了下述反应(许世森等,2006,姚强,2005)。

(1)碳的氧化燃烧反应。煤中的部分碳和氢经氧化燃烧放热并生成 CO_2 和水蒸气,由于处于缺氧环境下,该反应仅限于提供气化反应所必需的热量。

碳完全燃烧:$C + O_2 \longrightarrow CO_2 + 394.55 kJ/mol$

碳不完全燃烧:$C + \frac{1}{2}O_2 \longrightarrow CO + 115.7 kJ/mol$

氢气完全燃烧:$H_2 + \frac{1}{2}O_2 \longrightarrow H_2O + 21.8 kJ/mol$

(2)气化反应。这是气化炉中最重要的还原反应,发生于正在燃烧而未燃烧完的燃料中,碳与 CO_2 反应生成 CO,在有水蒸气参与反应的条件下,碳还与水蒸气反应生成 H_2 和 CO_2(即水煤气反应),均为吸热化学反应。

二氧化碳还原:$C + CO_2 \longrightarrow 2CO - 162.4 kJ/mol$

水煤气反应:$C + H_2O \longrightarrow CO + H_2 - 131.5 kJ/mol$

在实际过程中,随着参加反应的水蒸气浓度增大,还可能发生如下反应:

$$C + 2H_2O \longrightarrow CO_2 + 2H_2 - 88.9 kJ/mol$$

(3)甲烷生成反应。当炉内反应温度在 $700 \sim 800 ℃$ 时,还伴有以下甲烷生成反应:

$C + 2H_2 \longrightarrow CH_4 + 74.9 kJ/mol$

$2CO + 2H_2 \longrightarrow CH_4 + CO_2 + 247.02 kJ/mol$

$CO + 3H_2 \longrightarrow CH_4 + H_2O + 250.3 kJ/mol$

此外,还有 CO 交换反应:

$$CO + H_2O \longrightarrow CO_2 + H_2 + 41.0 kJ/mol$$

在煤的气化过程中,根据气化工艺的不同,上述各个基本反应过程可以在反应器空间中同时发生,或不同的反应过程限制在反应器的各个不同区域中进行,亦可以在分离的反应器中分别进行。

一般情况下,煤的气化过程均设计成使氧化和挥发裂解过程放出的热量,与气化反应、还原反应所需的热量加上反应物的显热相抵消。总的热量平衡采用调整输入反应器中的空气量或蒸汽量来控制。

二、基本的原则流程

对于不同的用途,煤炭气化的工艺差别可能很大,很难用一种流程把众多的气化工艺加以概括。最基本的煤炭气化工艺流程包括：原料的制备、煤的气化、粗煤气净化（除尘、脱硫）、煤气 CO 变换、煤气精制及甲烷化等基本单元（刘鹏飞，2004）。典型的煤炭气化工艺流程如图 6-1 所示。

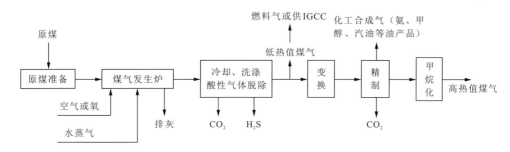

图 6-1　典型的煤炭气化工艺流程图
（据刘鹏飞，2004）

在生产低热值煤气时，一般只需要前 3 个工艺单元，即原料制备、气化和净化；生产高热值煤气时则需要上述全部工艺单元；而生产化工合成气时，只需进行到 CO 变换和煤气精制，无须甲烷化。

三、煤气化的分类

目前在开发和应用的煤炭气化的方法及设备种类很多，采用不同的气化剂和气化工艺，所得到的煤气成分和热值也不同，一般有以下几种分类方法（许世森等，2006；姚强等，2005）。典型的煤气化方法及温度分布如图 6-2 所示。

1. 按供热方式分类

不同的煤气化过程所需的热量各不相同，主要由气化工艺设计和煤质特征所决定，一般需要消耗气化用煤发热量的 15%～35%。顺流式气化取上限，逆流式气化取下限。其供热方式又分为以下几种。

(1) 自供热气化方式。即气化过程中没有外界供热，煤与水蒸气反应所需的热量由煤的氧化反应所提供，又称部分氧化供热。

(2) 间接供热气化方式。在自供热方法中由于过于依赖碳与氧的反应，导致煤气中 CO_2 的含量过高；如果采用纯氧作气化剂，会增加制氧成本；如果用空气作气化剂，则又带入了大量的 N_2、N_2 和 CO_2 将使煤气的热值降低。因此，考虑让煤仅与水蒸气反应，热量通过气化炉壁从外部传给煤或气化剂。

(3) 加氢气化方式。为了提高煤气的热值，工业上常常采用加压或加氢的方法以提高煤气中 CH_4 的含量。先使煤气加氢气化，然后残余的焦炭再与氧气和水蒸气发生气化反应，产生的合成气为加氢阶段提供氢源。

(4) 热载体供热方式。在一个单独的反应器内，用煤和空气燃烧加热热载体供热，通常以熔渣、熔盐或熔铁为载体。

2. 按原料煤和气化剂的混合方式及运动状态分类

根据炉内原料煤和气化剂的混合运动方式分为固定气化法、流化床气化法、气流床气化法

 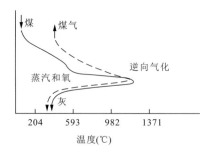

(a) 固定床(非熔渣)

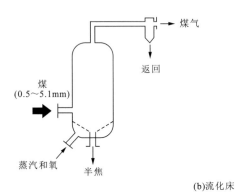 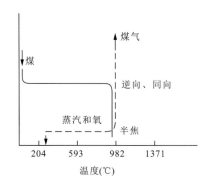

(b) 流化床

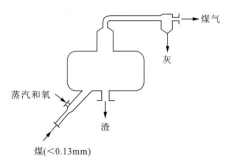 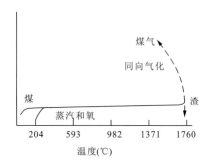

(c) 气流床

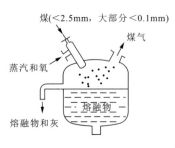 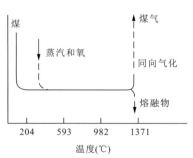

(D) 熔融床气化

图 6-2　典型的煤气化方法及温度分布示意图
(据许世森等,2006)

和熔融床气化法，相应的气化方法对原煤的粒度和黏结性、操作工艺条件等均有不同的要求，同时热效率、碳转化率、处理能力及煤气组成也有明显区别。此种分类是最常用的气化分类方式（表6-1）。

表6-1 煤气化方法分类（据许世森等，2006；郑楚光，1996）

分类依据	气化方法
原料煤在气化炉中的运动方式分类	固定床（移动床）气化 流化床气化 气流床气化 熔融床气化
按气化炉的压力分类	常压气化 加压气化：中压气化、高压气化
按制取煤气的热值分类	低热值煤气化 中热值煤气化 高热值煤气化
按气化剂和煤气成分分类	空气煤气 混合煤气 水煤气 半水煤气 焦炉煤气
按供热方式分类	自供热气化 间接供热气化 加氢气化 热载体供热
按排渣方式分类	固态排渣 液态排渣
其他	地下煤气化

固定床气化法的原料是块煤，与气化剂是逆流接触，煤在炉内停留时间较长（1~1.5h），反应温度低，碳转化率和气化效率高，但煤气的生产能力较小。

与固定床气化法相比，流化床气化法采用粒度较小的煤，与气化剂的接触面积大，反应速度快，因此单炉的生产能力得到了提高。原料煤在炉内停留时间短，常以分钟计，但流化床气化的灰渣和飞灰含碳量较高，存在一定的技术问题。

气流床气化法的原料煤粒度要求在0.1mm以下，与气化剂顺流接触，反应速度十分迅速，炉内温度很高，其碳转化率和单炉生产能力都很高。

3. 按气化剂和煤气成分分类

根据采用的气化剂和煤气成分的不同，通常分为以下几类。

(1) 空气煤气。单独以空气作为气化剂得到的煤气,这种煤气的主要成分为一氧化碳和氮气,而且氮气含量较多,可燃成分较少,热值很低,运输很不经济。除非就地燃烧发电,否则用途不大。如果用氧气全部(或部分)代替气化过程中使用的空气,则气化产物中的氮气含量减少,提高煤气的热值,并不会改变其可燃气体的组成成分。

(2) 混合煤气。用空气及蒸汽作为气化剂得到的煤气,也被称为发生炉煤气,主要成分为一氧化碳、氢、氮、二氧化碳等。热值稍高于空气煤气,可以直接作为燃料气使用,也可作为高热值煤气的稀释气。

(3) 水煤气。采用水蒸气和氧气作为气化剂而得到的煤气,由蒸汽和赤热的无烟煤或焦炭作用而得,主要成分为氢和一氧化碳。可作为燃料,或用作合成氨、合成石油、氢气制备等的原料,但制备成本较高。

(4) 半水煤气。用蒸汽及空气作为气化剂所得到的煤气,也可以是空气煤气与水煤气的混合气,其成分和用途与水煤气相近。

(5) 焦炉煤气。由煤在炼焦炉中进行干馏所制得,主要成分为氢、甲烷和一氧化碳,也含有少量的乙烯、氮和二氧化碳等。可用作燃料,也可作合成氨等的原料。

4. 按制取煤气的热值分类

按制取的煤气在标准状态下的热值可将煤的气化分为 3 类。

(1) 低热值煤气化。煤气的热值低于 $8374kJ/m^3$($2000kcal/m^3$),一般为空气煤气、发生炉煤气。

(2) 中热值煤气化。煤气热值为 $16\ 747\sim33\ 494kJ/m^3$($4000\sim8000kcal/m^3$),用氧气或富氧气体代替空气作为气化剂,煤气中可燃成分的比例较高,可以管道输送,适于民用或工业用,还特别适用于就地发电。焦炉煤气也属于这一类煤气。

(3) 高热值煤气化。煤气热值高于 $33\ 949kJ/m^3$($8000kcal/m^3$),是中热值煤气经过进一步甲烷化工艺过程而制得的,主要成分是甲烷,也称为合成天然气。

第三节 煤气化的工艺及设备

根据煤气化炉的结构特点和燃料与气化剂在气化炉中进行转化时的运动方式,可将煤的气化分为 3 种主要工艺:固定床气化工艺、流化床气化工艺和气流床气化工艺。基于以上 3 种主要工艺,不同厂家提供的工艺设备和系统结构在细节上也有所不同。下面主要介绍主流气化工艺和设备的特点(王同章,2001)。

一、固定床气化

固定床气化炉又分为常压和加压气化炉两种,在运行方式上有连续式和间歇式的区分。固定床气化炉主要有以下的特点(刘鹏飞,2004)。

(1) 在固定床气化炉中,气化剂与煤反向送入气化炉。

(2) 原料煤为块煤,一般不适合用末煤和粉煤。

(3) 一般为固态干灰排渣,也有采用液态排渣方式的。

(4)煤的碳转化效率高,耗氧量低。
(5)气化炉出口的煤气温度较低,通常无须煤气冷却器。
(6)一般容量较小。

固定床气化炉内的气化过程原理如图6-3所示,在固定床气化炉中的不同区域中,各个反应过程所对应的反应区的界面比较明显。

1. 常压固定床煤气发生炉

常压固定床煤气化工艺以空气和水蒸汽为气化剂,用于生产工业用燃料气,具有投资费用低、建设周期短、电耗低、负荷调节方便等特点,是我国工业煤气生产的主要工艺方式,其代表性的炉型有M型煤气发生炉、Wellman-Galusha煤气发生炉、UGI水煤气炉及FW-Stoic式两段炉。常压固定床煤气发生炉在机械、冶金、玻璃、纺织等行业的大型煤气站普遍使用,但在国外已经很少采用。

该工艺多以烟煤为原料,入炉煤粒度为3~50mm,单炉煤气产量为3000~5000m³/h,煤气热值为5500~7000kJ/m³。

我国主要煤种在常压固定床气化炉中的气化指标如表6-2所示。

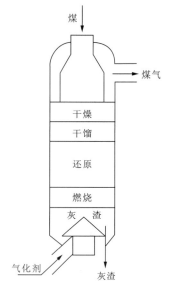

图6-3 固定床气化过程原理图
(据许世森等,2006)

表6-2 我国主要煤种在常压固定床气化炉中的气化指标(据陈文敏等,1997)

煤种	粒度 (mm)	工业分析				气化强度 [kg/(m²·h)]	干煤气产量 (m³/kg)	煤气低热值 (kJ/m²)	灰渣含碳量 (%)
		水分 (%)	灰分 (%)	挥发分 (%)	低位发热量 (kJ/kg)				
大同煤	13~50	5~5.5	5~8	28~30	29 300	300~350	3.3~3.5	5650	<12
阜新煤	13~50	5~8	11~12	35~40	25 100	300~350	2.6~2.9	5650	<12
抚顺煤	13~50	4~7	8~11	~45	27 200	280~320	2.8~3.2	5650	<12
淮南煤	13~50	4~6	18~20	30~35	25 100	270~300	2.8~3.0	5530	<13
鹤岗煤	13~50	3~6	~20	~35	24 300	270~300	2.7~3.0	5530	<13
辽源煤	13~50	3~10	18~22	~43	23 000	230~260	~2.5	5530	<15
焦作煤	13~50	3~5	20~22	5~7	25 100	200~280	~3.5	5230	<15
阳泉煤	13~50	3~8	~23	8~9.5	25 100	180~220	~3.3	5020	<15
焦炭	13~50	4	12~25	~1.0	25 100	200~250	~3.5	5020	<12
气焦	10~40	15	25	4	23 400	230~260	2.6~2.8	5020	<15

2. 常压固定床水煤气发生炉

该类型的气化炉间歇式生产水煤气,采用蒸汽和空气轮流鼓入发生炉的间歇运行方式,由蒸汽和赤热的无烟煤或焦炭接触作用而得到煤气,其主要可燃成分是氢和一氧化碳。这种煤气发生炉的显著特点是以无烟煤块或无烟煤型煤作为气化原料,煤气热值为 10 000~11 000 kJ/m³,在我国应用较为广泛。

3. 加压固定床气化炉

该气化炉是一种在高于大气压力的条件下(1~2MPa)进行煤的气化操作,是以氧气和水蒸气为气化介质,以褐煤、长焰煤或不黏煤为原料的气化炉,煤气热值高。加压气化炉主要有以下优点。

(1)可以采用灰熔融温度稍低、粒度较小(6~25mm)的煤,对煤的抗碎强度和热解性要求较低。

(2)能气化水分较高、灰分较高的低品质煤,也可以气化有一定黏结性的煤。

(3)气化过程的耗氧量低,比如在 2MPa 下气化时,所需的氧量仅为常压气化的 1/3~2/3。

(4)由于在较高的压力下操作,可以采用较低的气流速度,因此粉尘带出量少。

(5)在加压的条件下有利于甲烷的生成,所产煤气中 CH_4 含量高,适合于做城市煤气。

(6)该工艺的气化能力大,在同样气化炉的尺寸下为常压固定床的 4~8 倍。

(7)出炉煤气压力高,可以直接远距离输送。

(8)气化过程连续、稳定,有利于实现自动化。

加压固定床气化炉操作温度较高(但一般不超过 1100℃),气化中会产生酚类、焦油等有害物质,因此煤气净化处理工艺较复杂,易造成二次污染。另外只能用块煤,不适用于末煤或粉煤,设备的维护和运行费用较高。

目前在欧美发达国家,常压固定床气化炉已经很少采用,以鲁奇(Lurgi)炉为代表的加压固定床气化炉应用较为成熟(图 6-4)。

二、流化床气化

流化床气化炉是基于气固流态化原理的煤气化反应器,流态化的基本工作原理和流化床的结构特点可另参见有关内容。流化床气化炉具有以下主要特点(刘鹏飞,2004)。

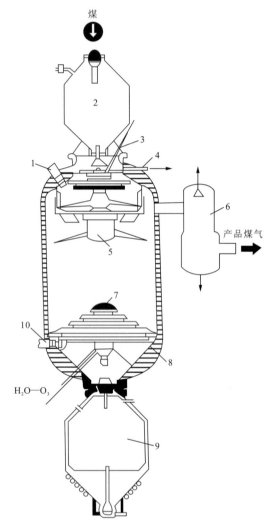

图 6-4 固态排渣鲁奇炉结构示意图
(据刘鹏飞,2004)

1—加煤箱;2—钟罩阀;3—煤分布器;4—搅拌器;5—气化炉水夹套;6—塔形炉栅;7—灰箱;8—煤气急冷器;9—气化剂入口;10—煤气出口;11—布煤器传动装置;12—炉栅传动装置

(1)在流化床气化炉中,采用空气、氧气或富氧空气及水蒸汽作为气化剂,其中,部分经过布风板送入流化床中,布风板上的物料处于流化状态,气化剂与煤反向送入气化炉,产生的煤气为低热值或中热值煤气。

(2)气化反应在中温(950℃左右)条件下进行,气化炉的操作温度控制在煤的灰熔融温度以下,既可以在常压,也可以在加压条件下进行。正由于气化炉反应器的温度不高,对炉体材料的要求也不高。

(3)流化床气化炉的一个重要特点是可以利用粉煤、细粒煤或水煤浆作为气化原料。我国目前的煤炭产品中,由于炮采、机采等采煤方式采用得较多,使大量煤炭成为碎粉煤,而有近80%的碎粉煤还不能实现气化利用。因此,流化床气化炉提供了合理利用碎粉煤资源的途径。

(4)流化床气化工艺主要适合于活性较高的烟煤及褐煤的气化,对煤中灰分的多少不十分敏感,也可以用于含灰较多的低品位煤的气化,但经济性较差。

(5)流化床炉内的气流速度比固定床气化炉高一个数量级,气固两相处于湍流混合状态,煤粒和气化剂之间的相对速度、气固两相间的相对速度和反应速度均大大加快,所以煤气化过程中的各个反应在整个床层内交替进行、同时发生,不可能像固定床气化炉那样将各个反应过程的反应区域分得那么清楚。

(6)由于反应温度比较低,煤气中的焦油和酚类的含量少,还可以在炉内添加石灰石进行固硫,煤气净化系统较简单。

(7)这种类型的煤气化炉可与燃气蒸汽联合循环发电技术相组合,构成高效、低污染燃煤火电站(IGCC)。

流化床气化炉尚存在以下问题。

(1)在流化床气化工艺中,炉内必须维持一定的含碳量,而且在流化状态下灰渣不易从料层中分离出来,因此,70%左右的灰及部分碳粒被煤气夹带离开气化炉,30%的灰以凝聚熔渣形式排出落入灰斗。排出的飞灰与灰渣中的含碳量均较高,热损失较大,需考虑飞灰的回收与循环。

(2)由于气化温度的限制,其气化强度受到限制,碳转化率较低,且不适合于气化黏结性强的煤。

F. Winkler 首先将流态化技术应用于小颗粒煤的气化,开发了温克勒(Winkler)流化床气化法,该工艺目前已在粉煤气化领域得到了广泛应用,在世界各地已有许多套温克勒气化炉投入工业化运行,如图6-5所示。但常压温克勒气化也存在不少缺点(如气化温度低、设备大、废热损失大、煤气含尘量大和质量差等),为此,发展了高温温克勒气化工艺(HTW)和流化床灰团聚气化工艺(U-gas法)。

三、气流床气化

气流床气化是采用氧气—过热蒸气作为气化介质,煤的气化过程在悬浮状态下进行,属于高温、加压或常压的煤气化工艺。

1. 基本特点

(1)气化区的最高温度达2000℃左右,碳的转化散率也较高,一般可达98%以上,出炉煤气温度在1400℃左右,煤气的物理显热很大。

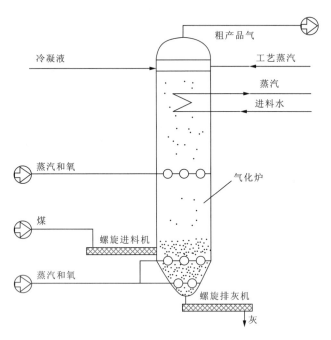

图6-5 温克勒(Winkler)气化炉

(据王同章,2001)

(2)煤以干煤粉或水煤浆形式被高速气流(80~100m/s)携带喷入炉内,在高温(1200~2000℃)、常压或高压(2~8MPa)的还原气氛下完成气化反应。

2. 化学反应特点

(1)化学反应十分迅速。煤粒在高温、强湍流的环境下,迅速经历了加热、膨胀、热解释放挥发分的过程,所形成的半焦又立即与氧气和蒸汽进行气化反应,分裂反应生成可燃气体。这一系列的过程均在1~2s内迅速完成,而且各个反应过程的反应区域不是分得那么明显。

(2)由于气化反应温度高,有利于反应式(6-1)的完成,而不利于反应式(6-2)的进行,所以出炉煤气中CO含量高达60%左右。煤气中CH_4的含量很低,属于中热值煤气。

$$C+H_2O \longrightarrow CO+H_2 \tag{6-1}$$

$$C+2H_2O \longrightarrow CO_2+2H_2 \tag{6-2}$$

(3)由于气流床气化炉在很高的反应温度下运行,煤的热解产物会被立即烧掉,或进一步发生反应而被转化,所以从气化炉中排出的煤气不含焦油、酚类等煤气化中间产物,煤气中的H_2S、COS和微量碱金属等在煤气净化系统中可以被方便地除去。

3. 进料方式

气流床气化炉在进料方式上分为湿法(水煤浆)进料和干法进料(刘鹏飞,2004)。

(1)湿法进料。湿法进料的设备及系统简单,但由于制浆过程中掺入的水要消耗部分热量,因此煤气化中的碳转化率和煤气热值低于干法进料的气化炉,且不适用含灰多的煤种。

(2)干法进料。干法进料中煤的制备、干燥、加压及输送系统复杂,设备较多,但煤气的热值高,气化过程中的碳转化率和煤气热值较高,也可采用含灰较多的煤种。

4. 排渣

由于喷流床气化炉均为液态排渣,排渣呈熔融状,煤的灰分、灰熔融性及黏温特性等均对喷流床气化炉的经济、稳定运行有不同程度的影响。煤的灰熔融性温度不宜太高,当高于1500℃时,为降低灰熔融性温度,同时也为了延长耐火砖的寿命,要加入石灰石作助熔剂,从而需要增加石灰石制备系统。

5. 大型化

加压喷流床气化炉的显著特点之一是气化能力大,易于尺寸放大,为大型化创造了条件,可以满足整体煤气化联合循环发电规模所要求的气化炉容量,能适应电网主力机组容量的要求。近年来投产的整体煤气化联合循环机组的容量可超过300MW,气化炉的单台容量已达到2000~2600t/d。

气流床气化法是20世纪50年代初发展起来的新一代煤气技术,最初的代表炉型为K-T(Koppers-Totzek)炉(图6-6),其后发展了Shell、德士古(Texaco)(图6-7)、E-Gas及Prenflo等一批新工艺,因其出色的生产能力和气化效率,在世界范围内得到了广泛的应用,尤其是在燃气联合循环中。

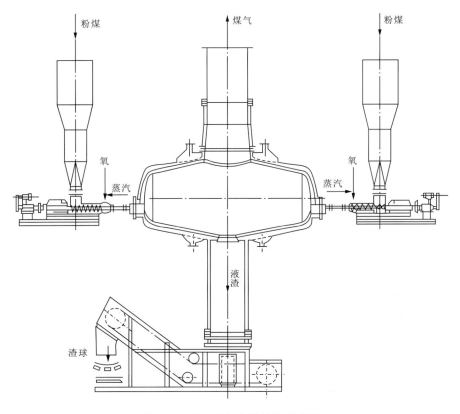

图6-6 K-T气化炉结构示意图

(据王同章,2001)

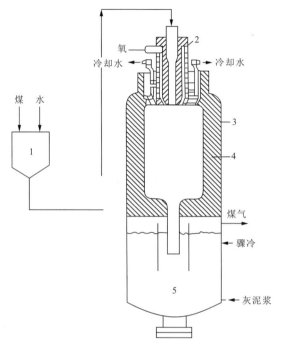

图 6-7　德士古气化炉示意图
（据许世森等，2006）
1—煤浆罐；2—燃烧器；3—气化炉体；4—耐火材料；5—骤冷室

第四节　煤的地下气化

煤的地下气化是将煤炭开采与转化相结合，对煤层就地进行气化的工艺过程（王同章，2001）。煤在地下直接进行气化作业，转化为可燃煤气，省去了开采加工过程及相应设备，大大减少了地下作业，简化了工艺流程，具有生产系统简单、效率高、工作安全、劳动条件较好、产品便于输送、开采工作对地表的破坏较轻、无须排弃矸石、对环境的污染较小等许多优点，是煤炭开采技术的长远发展方向之一。

虽然地下气化技术目前尚不成熟，难以立即使用，但因其优点突出，仍深受各主要产煤国的重视。苏联、美国、英国等已进行过长期的工业性试验；我国也十分重视煤的地下气化研究，1958 年曾在几个矿区进行过地下气化的试验，现已在徐州的马庄矿、新河矿进行试验，取得了初步的成果。

一、地下气化的原理

地下气化的原理与一般煤气化原理相同，可视作将"气化炉"直接设在地下的煤层（姚强等，2005；俞珠峰，2004）。空气或氧气由送风孔鼓入地下煤层，在水平的气化通道内发生气化反应，依次形成氧化区、还原区和干馏干燥区，生成的煤气由出口引出。随着气化的进行，气化反应面逐渐推进，灰渣残留于地下。煤的地下气化原理如图 6-8 所示。

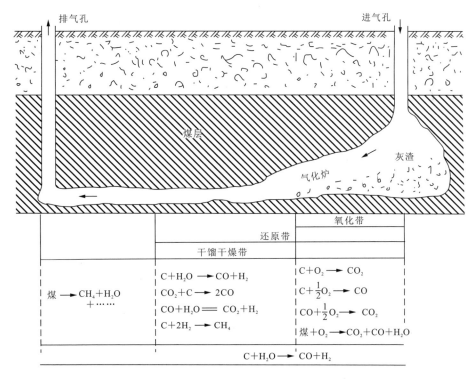

图 6-8 煤炭地下气化原理示意图
(据王同章,2001)

二、地下气化的方法

1. 有井式地下气化法

有井式地下气化法可分为 3 类:室式、钻孔法和气流法。气流法是唯一实现工业化的有井式地下气化方法,适合于水平煤层。其主要缺点是需要进行地下作业,气化过程中顶板易崩塌,堵塞气化通道。

2. 无井式地下气化法

无井式地下气化法无须地下作业,是最常用的煤地下气化方式。无井式地下气化法又分为单孔式和渗透式。

(1)单孔式。最简单的气化方式。一个单孔就是一座"地下气化炉",气化区域较小,但对管材要求高,因此难以推广。

(2)渗透式。地面钻孔与孔间煤层的贯通相结合,在孔间的煤层设法相互渗透,形成气化通道,适用于透气性较好的褐煤。

大多数煤层的天然渗透性都不够,需要人工进行贯通,以满足气化通道的渗透性要求,保证气化的顺利进行。常用的气化通道的贯通方法主要有以下几种。

(1)逆向燃烧法(图 6-9),是一种火力渗透的贯通方法。首先点燃一孔下的煤层,然后在另一孔中鼓入空气，火焰面移动方向与气流的方向相反，因而称为逆向燃烧法。该方法仅仅消耗了小部分的煤层，而形成了直径基本固定的气化通道，大大提高了煤层的渗透性，且气化通道不容易堵塞。

（2）电力贯通法（图 6-10），顾名思义，是通过外加电压使得煤层中形成高渗透性的气化通道。电力贯通的效率主要取决于煤层的导电率。由于导电率的不均匀和不可预测性，使得电力贯通难以控制。

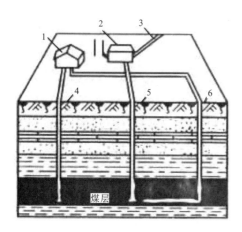

图 6-9　火力渗透贯通法
（据许世森等，2006）
1—压风机房；2—煤气净化室；3—去电厂；
4、6—鼓风钻孔；5—排煤气钻孔

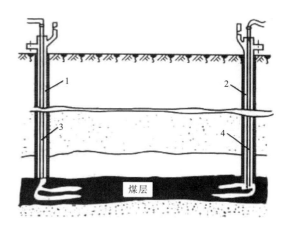

图 6-10　电力贯通法
（据许世森等，2006）
1、2—钻孔；3、4—电极

通常先采用电力贯通法使得煤层具有初步的渗透性，然后再用逆向燃烧法进一步贯通。此外，还有水力压裂法、定向钻孔法等。

三、影响地下气化的因素

1. 煤种

煤质松软、渗透性强、导热率高、挥发分高的煤易贯通和地下气化（褐煤最适合）。

2. 煤层的赋存条件

厚度：煤层越厚，气化能力越大，煤气热值越高，一般 1.5～3.5m 厚的煤层地下气化比较经济。

倾斜度：决定钻孔的位置和贯通的方式。理论上任何倾斜度的煤层均可，试验证明倾角为 35°左右的煤层最适宜地下气化。

此外，顶板的坚硬程度、周围岩石的透气性和导热性等也对地下气化有影响。

3. 地下水

地下水直接影响气化温度。适量的水分促进气化反应，提高煤气的热值，过多的水分将降低气化温度，气化不完全。

4. 气化工艺操作条件

气化工艺操作条件中最主要的是鼓风。鼓风量的多少将直接决定气化区的温度和煤气的热值。

四、地下气化的应用前景

煤炭地下气化可以用来回收报废矿井的煤柱、边角煤,也可以用来开采埋藏过深、煤层过薄或煤中含灰分过多、不宜应用井工开采的煤炭资源。由于煤炭地下气化具有简单、高效、安全、环保等许多优点,尽管目前地下气化因煤气的产量、组分和热值不够稳定,尚缺乏商业实用价值,但仍深受国内外的重视,是具有长远意义的研究课题(许世森等,2006)。

国外地下气化研究主要是在未开采过的煤田中进行无井式煤炭地下气化的工业试验。现正致力于改进钻孔技术,提高定向弯曲钻孔贯通的可靠性,力图使地下气化钻孔的间距增大为 90~100m,以减少地下气化的钻孔准备工作量,增长气化通道的长度,提高煤气产量和质量,全面改善地下气化的效果。美国在 20 世纪 70 年代宣称其地下气化技术已经完善,达到了大规模生产和商业化的要求,如有必要,可以迅速大规模地发展地下气化。

我国煤炭开采历史长,在浅部已采区中丢弃有大量残煤,初步估算总储量达数百亿吨以上,若用两阶段地下气化方法回采,由于煤层埋藏较浅,有旧存巷道可资源化再利用,可消除地下涌水的有害影响,便于生产高热值的煤气,技术、经济上均较合理。近期内我国应以试验和研究浅部残留煤柱或边角煤的地下气化为主。

近年来,国内外正大力试验和研究煤层气的开采,在采煤层气阶段,为提高产气量,还需用注入高压气体或水的方法来提高煤的透气性。如果把煤层气开采与地下气化相结合,即在开采煤层气后再进行地下气化,开采煤层气所采用的提高煤层透气性的措施,可提高地下气化的效果,煤层气开采所产生的高热值煤气,又可成为提高和稳定地下气化所产煤气热值的补充手段,因而是十分有利的。

第七章 煤的液化

第一节 煤炭液化概述

一、煤炭液化的定义

煤炭液化是把固体状态的煤炭经过一系列化学加工过程,使其转化成液体产品的洁净煤技术(舒歌平,2003;高晋生等,2005)。这里所说的液体产品主要是指汽油、柴油、液化石油气等液态烃类燃料,即通常是由天然原油加工而获得的石油产品,有时候也把甲醇、乙醇等醇类燃料包括在煤液化的产品范围之内。

根据化学加工过程的不同路线,煤炭液化可分为直接液化和间接液化两大类(舒歌平,2003)。

直接液化是把固体状态的煤炭在高压和一定温度下直接与氢气反应(加氢),使煤炭直接转化成液体油品的工艺技术。

间接液化是先把煤炭在更高温度下与氧气和水蒸气反应,使煤炭全部气化、转化成合成气(一氧化碳和氢气的混合物),然后再在催化剂的作用下合成为液体燃料的工艺技术。

在煤炭液化的加工过程,煤炭中含有的硫等有害元素以及无机矿物质(燃烧后转化成灰分)均可脱除,硫还可以硫磺的形态得到回收,而液体产品已经是比一般石油产品更优质的洁净燃料,所以煤炭液化工艺技术是一种彻底的高级洁净煤技术。

二、煤炭液化的历史和现状

煤炭在高温、高压下加氢转化成液体油是德国人在1913年发明的。1927年德国开始建设第一座应用此技术的工业化规模的煤炭液化厂,至1931年煤炭直接液化厂投入运转,最初的生产能力为产油10万吨/年。第二次世界大战期间,德国一度建立了12家煤炭直接液化生产厂,总规模达到423万吨/年。表7-1是当时德国煤炭直接液化厂一览。

20世纪70年代的石油危机,促使煤炭液化技术的研究开发达到了一个新的高潮。美国、德国、英国、苏联、日本等发达国家都纷纷组织大批科研机构和企业开展了大规模的研究工作,从基础理论、反应机理到工艺开发、工程化开发,试验规模也从实验室试验到每天吨级中试,直到每天数百吨级的工业性试验。

表 7-1 "二战"期间德国煤炭直接液化厂一览(据舒歌平,2003)

投产年份	所在地	原料	反应压力(MPa)	生产能力(万 t/a)
1931	Leuna	褐煤和焦油	20	65
1936	Bohlem	褐煤和焦油	30	25
1936	Magdeberg	褐煤和焦油	30	22
1936	Scholven	烟煤	30	28
1937	Welheim	沥青	70	13
1939	Gelsenberg	烟煤	70	40
1939	Zeitz	褐煤和焦油	30	28
1940	Lutzkendorf	煤焦油	50	5
1940	Politz	烟煤	70	70
1941	Wesseling	褐煤	70	25
1942	Brux	褐煤和焦油	30	60
1943	Blechhammer	褐煤和焦油	30	42

到 20 世纪 80 年代中期,各国开发的煤炭直接液化工艺日趋成熟,有的已完成了 6000t/d 的示范厂基础设计,工业化发展势头一度十分显著。然而,从 1986 年开始,世界石油价格一落千丈,在低价位徘徊维持到 1999 年,这就有充分的时间使煤炭液化的技术开发进入到巩固提高的新阶段(表 7-2)。

回顾煤炭直接液化工艺技术的开发历史,经过了双峰型的路线,其命运的兴衰与世界的政治、军事形势以及原油价格有密切的关系。石油作为一种必需的能源和重要战略物资,能否保证它的安全供应已成为各国政府关注的敏感问题。

20 世纪 50 年代,我国为了打破国际反华势力的封锁,中国科学院大连石油所曾开展过煤炭液化的试验研究,抚顺石油三厂也曾利用日本遗留的设备进行过煤焦油加氢生产汽油、柴油的工业试验,在锦州石油六厂开展过合成油的试生产。后来由于大庆油田的发现和开发,我国一举甩掉了贫油国的帽子,煤炭液化的研究工作随之中断。

从 70 年代末开始我国又重新开始煤炭直接液化技术的研究,其目的是应对当时的世界石油危机,重点是由煤生产汽油、柴油等燃料和芳香烃等化工原料。煤炭科学研究总院北京煤化学研究所在原国家科学技术委员会和原煤炭部的领导及支持下,通过国家"六五"、"七五"科技攻关和近 20 年的国际合作,已建成具有国际先进水平的煤炭直接液化、液化油提质加工和分析检验实验室,开展了基础研究和工艺开发,取得了一批科研成果,培养出了一支专门从事煤炭直接液化技术研究的科研队伍。

从 1997 年开始,煤炭科学研究总院分别同德国、日本、美国开展了煤炭直接液化示范厂技术经济的预可行性研究,选择云南先锋煤、黑龙江依兰煤和内蒙古神华煤分别在国外已有中试装置上完成了工艺试验,取得了工艺设计数据,并已分别在 1999 年和 2000 年完成了 3 个煤液化厂的预可行性研究。

表 7-2 各国煤炭直接液化技术开发情况（据舒歌平，2003）

国名	装置名称	处理能力(t/d)	实验时间	地点	开发机构	试验煤种
美国	SRC Ⅰ/Ⅱ	50	1974—1981	Fort Lewis	Gulf	Illinois 烟煤 Wyoming 次烟煤
美国	SRC	6	1974—1992	Wilsonville	EPRI Catalytic Inc	高硫烟煤 次烟煤
美国	EDS	250	1979—1983	Bayton	Exxon	Illinois 烟煤 Wyoming 次烟煤 Texas 褐煤
美国	H-COAL	600	1979—1982	Catettsburg	HRI	Illinois 烟煤 Wyoming 次烟煤
德国	IGOR	200	1971—1987	Bottrop	RAG/VEBA	鲁尔烟煤
德国	PYROSOL	6	1977—1988	Saar	SAAR Coal	烟煤
日本	NEDOL	150	1992—1999	日本鹿岛	NEDO	烟煤
日本	BCL	50	1986—1990	澳大利亚	NEDO	褐煤
英国	LSE	2.5	1988—1992	Point of Ayr	British Coal	次烟煤
苏联	ST-5	5	1986—1990	图拉市	ИГИ	褐煤

第二节　煤的直接液化

一、基本原理

（一）煤与石油化学结构的区别

煤炭是由植物在地下一定温度、压力条件下经过漫长的成煤过程而形成的有机矿物质。在成煤过程中，植物中比较稳定的物质被留在埋层中，又经过脱羟基和脱羧基等反应以及互相之间的缩聚，形成了复杂的具有立体结构的、不均匀的煤分子结构。

现在公认的结论是煤（研究最多的是镜质组分）的分子结构是以带有侧链和官能团的缩合芳香环为基本结构单元，结构单元之间又通过各种桥键相连。作为结构单元的缩合芳香环的环数有一个至多个不等，随着煤阶的提高，芳香环数增加。结构单元有的环上还有氧、氮、硫等杂原子，从而成为杂环化合物。结构单元之间的桥键也有多种形式，如碳—碳键、碳—氧键、碳—硫键等。

石油是一种分子量分布很宽（从几十到几百）的烃类物质的液态混合物，其中主要有烷烃、环烷烃和少量芳烃。石油中烃类组分的含量因产地不同而有所不同。

从煤和石油的元素组成来看,煤的H/C原子比在0.2~1.0之间,而石油的H/C原子比达1.6~2.0,说明煤中氢比石油少得多。另外,煤中的氧元素比石油也高得多,煤中氮元素和硫元素也比石油高一些。

除了以上在化学结构和元素组成方面的不同之外,煤炭与石油的另一个重要不同之点是煤炭中含有较多的无机矿物质,它们在煤炭转化或燃烧后以灰渣的形式残留下来,只能作为固体废弃物处理。

(二)煤炭直接液化的功能及原理

根据煤炭与石油化学结构和性质的区别,要把固体的煤转化成液体的油,煤炭液化必须具备以下四大功能(舒歌平,2003)。

(1)将煤炭的大分子结构分解成小分子。
(2)提高煤炭的H/C原子比,以达到石油的H/C原子比水平。
(3)脱除煤炭中氧、氮、硫等杂原子,使液化油的质量达到石油产品的标准。
(4)脱除煤炭中无机矿物质。

在直接液化工艺中,煤炭大分子结构的分解是通过加热来实现的,煤的结构单元之间的桥键在加热到250℃以上时就有一些弱键开始断裂。随着温度的进一步升高,键能较高的桥键也会断裂。桥链的断裂产生了以结构单元为基础的自由基,自由基的特点是本身不带电荷却在某个碳原子上(桥键断裂处)拥有未配对电子。自由基非常不稳定,在高压氢气环境和有溶剂分子分隔的条件下,它被加氢而生成稳定的低分子产物(液体的油和水以及少量气体)。加氢所需活性氢的来源有溶剂分子中键能较弱的碳—氢键、氢—氧键断裂分解产生的氢原子,或者被催化剂活化后的氢分子。在没有高压氢气环境和没有溶剂分子分隔的条件下,自由基又会相互结合而生成较大的分子。在实际煤炭直接液化的工艺中,煤炭分子结构单元之间的桥键断裂和自由基稳定的步骤是在高温(450℃左右)、高压(17~30MPa)、氢气环境下的反应器内实现的。

煤炭经过加氢液化后剩余的无机矿物质和少量未反应煤还是固体状态,可应用各种不同的固液分离方法把固体从液化油中分离出去,常用的有减压蒸馏、加压过滤、离心沉降、溶剂萃取等固液分离方法。

煤炭经过加氢液化产生的液化油含有较多的芳香烃,并含有较多的氧、氮、硫等杂原子,必须经过再次提质加工才能得到合格的汽油、柴油产品。液化油提质加工的过程还需进一步加氢,通过加氢脱除杂原子,进一步提高H/C原子比,把芳香烃转化成环烷烃甚至链烷烃。煤炭直接液化三大步骤与四大功能之间的关系如表7-3所示。

表7-3 煤炭直接液化三大步骤与四大功能之间的关系(据舒歌平,2003)

编号	步骤	条件	功能
1	加氢液化	高温、高压、氢气环境	桥键断裂、自由基加氢
2	固液分离	减压蒸馏、过滤、萃取、沉降	脱除无机矿物和未反应煤
3	提质加工	催化加氢	提高H/C原子比、脱除杂质原子

二、反应机理

煤的直接液化过程是煤预先粉碎到 0.15mm 以下的粒度,再与溶剂(煤液化自身产生的重质油)配成煤浆,并在一定温度(~450℃)和高压下加氢,使大分子变成小分子的过程。一般来说,这个过程可分为煤的热溶解、氢转移和加氢 3 个步骤。

1. 煤的热溶解

煤与溶剂加热到大约 250℃时,煤中就有一些弱键发生断裂,产生可萃取的物质。当加热温度超过 250℃进入到煤液化温度范围时,发生多种形式的热解反应,煤中一些不稳定的键开始断裂。表 7-4 是煤中一些弱键的键能数据,键能越小,越容易断裂。

表 7-4 煤中一些弱键的键能数据(298K)(据舒歌平,2003)

键型	模型化合物结构式	键能 (kJ/mol)	键型	模型化合物结构式	键能 (kJ/mol)
羰基键	$C_6H_5CH_2—COCH_2C_6H_5$	273.6 ± 8	硫醚键	$CH_3—SC_6H_5$	290.4 ± 8
羧基键	$C_6H_5CH_2—COOH$	280	硫醚键	$CH_3—SCH_2C_6H_5$	256.9 ± 8
羧基键	$(C_6H_5)_2CH—COOH$	248.5 ± 13	甲基键	$CH_3—9—蒽甲基$	282.8 ± 6.3
醚键	$CH_3—OC_6H_5$	238 ± 8	亚甲基键	$CHCCH_2—CH_2C_6H_5$	256.9 ± 8
醚键	$CH_3—OCH_2C_6H_5$	280.3	氢碳键	H—蒽(9,10—二氢蒽)	315.1 ± 6.3

描述煤粒热溶解机理的理论有多种。一种理论认为,煤是由许多微粒通过交联键形成基质体组成的,这些微粒又是由自身为一个整体而相互通过较弱的键相连的更小微粒组成。在没有受到溶剂溶胀的情况下,这些更小的微粒被限制在煤的基质体中,这两种微粒是连续的而不是单个分散的。连续相中阻止热解的聚集体与可萃取物之间的划分是依温度而定。当直接从煤的基质体中取走可萃取物时就会发生溶解现象。这就是说,在煤的溶解过程中,如果没有明显的作用在煤粒上的外力,煤粒的骨架结构应该保持完好。

另一种理论认为,煤粒本身以一种单一的物质参与溶解,就如同明胶在水中溶解的情形相似,但是逆反应在短时间内导致沉淀产生,这就类似于中间相的形成和其后固化生成焦炭粒子的情形。

2. 氢转移

弱键断裂后产生了以煤的结构单元为基础的小碎片,并在断裂处带有未配对电子,这种带有未配对电子的分子碎片称为自由基,它的分子量范围为 300~1000。借助于现代化大型分析仪器——电子自旋共振仪可以测得煤热解产生的自由基浓度。自由基带的未配对电子具有很高的反应活性,它有与邻近的自由基上未配对电子结合成对(即重新组成共价键)的趋势。而氢原子是虽小又最简单的自由基,如果煤热解后的自由基碎片能够从煤基质或溶剂中获得必要的氢原子,则可以使自由基达到稳定。从煤的基质中获得氢的过程实际上是进行了煤中氢的再分配,这种使自由基稳定的过程称为自稳定过程;如果从溶剂分子身上获得氢原子则称为溶剂供氢,这种具有向煤的自由基碎片供氢的溶剂称为供氢溶剂。

如果煤的自由基得不到氢而它的浓度又很大时,这些自由基碎片就会互相结合而生成分子量更大的化合物甚至生成焦炭。自由基稳定后的中间产物分子量分布很宽,分子量小的称为馏分油,分子量大的称为沥青烯,分子量更大的称为前沥青烯。前沥青烯可进一步分解成分子量较小的沥青烯、馏分油和烃类气体。同样,沥青烯通过加氢可进一步生成馏分油和烃类气体。图7-1为煤热解产生自由基以及溶剂向自由基供氢,溶剂和前沥青烯、沥青烯催化加氢的过程。

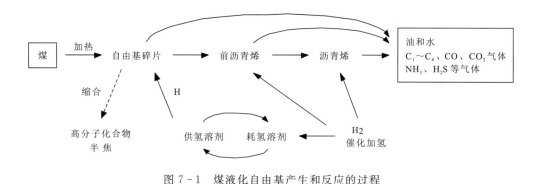

图 7-1 煤液化自由基产生和反应的过程
(据舒歌平,2003)

3. 加氢

当煤液化反应在氢气压力下和催化剂存在时,氢分子被催化剂活化,活化后的氢分子可以直接与自由基或稳定后的中间产物分子反应,这种反应称为加氢。加氢反应可分有芳烃加氢饱和、加氢脱氧、加氢脱氮、加氢脱硫和加氢裂化等几种。

加氢饱和:

加氢脱氧:

加氢脱硫:

加氢脱氮:

加氢裂化:

加氢催化剂的活性不同或加氢条件的苛刻度不同,加氢反应的深度也不相同。在煤液化反应器内仅能完成部分加氢反应,煤液化产生的一次液化油还含有大量芳烃和含氧、硫、氮杂原子的化合物,必须对液化油进一步再加氢才能使芳烃饱和以及脱除杂原子,达到最终产品汽油、柴油的标准。第二步再加氢称为液化油的提质加工。

三、催化剂与溶剂

（一）催化剂

研究表明,很多过渡金属及其氧化物、硫化物、卤化物均可作为煤加氢液化的催化剂(舒歌平,2003;高晋生等,2005)。但卤化物催化剂对设备有腐蚀性,在工业上很少应用。

煤直接液化工艺使用的催化剂一般选用铁系催化剂或镍、钼、钴类催化剂。在煤的液化反应中,是催化剂的作用产生了活性氢原子,又通过溶剂为媒介实现了氢的间接转移,使液化反应得以顺利进行。其活性和选择性影响煤液化的反应速率、转化率、油收率、气体产率和氢耗。$Co-Mo/Al_2O_3$、$Ni-Mo/Al_2O_3$和$(NH_4)_2MoO_4$等催化剂活性高、用量少,但是这种催化剂价格高,必须再生反复使用。氧化铁(Fe_2O_3)、黄铁矿(FeS_2)、硫酸亚铁($FeSO_4$)等铁系催化剂活性稍差、用量较多,但来源广且便宜,可不用再生,称之为"廉价可弃催化剂"。铁系催化剂的活性物质是磁黄铁矿$[Fe_{(1-x)}S]$,式中的$(1-x)$一般在0.8左右。氧化铁、黄铁矿或硫酸亚铁等只是催化剂的前驱体,在反应条件下它们与系统中的氢气和硫化氢反应生成具有催化活性的$[Fe_{(1-x)}S]$,才具有吸附氢和传递氢的作用。

考虑催化剂的有效性,还必须和煤的种类以及溶剂的性质结合起来。例如,煤中的铁和硫的含量应予考虑,同时还要考虑铁和硫的原子比。当溶剂的供氢性能极佳时,对于浆态床,催化剂的不同添加量对反应的影响可能并不明显。

（二）溶剂

在煤炭加氢液化过程中,溶剂的作用有以下几个方面(舒歌平,2003)。
(1)与煤配成煤浆,便于煤的输送和加压。
(2)溶解煤,防止煤热解产生的自由基碎片缩聚。
(3)溶解气相氢,使氢分子向煤或催化剂表面扩散。
(4)向自由基碎片直接供氢或传递氢。

根据相似者相溶的原理,溶剂结构与煤分子近似的多环芳烃对煤热解的自由基碎片有较强的溶解能力。溶剂溶解氢气的量符合亨利定律,氢气压力越高,溶解的氢气越多。溶解系数与溶剂性质及温度有关,但氢气有一个反常的特点:温度越高,溶解系数越大。溶剂直接向自由基碎片的供氢是煤液化过程中溶剂的特殊功能。研究发现,部分氢化的多环芳烃(如四氢萘、二氢菲、二氢蒽、四氢蒽等)具有很强的供氢性能。

在煤液化装置的连续运转过程中,实际使用的溶剂是煤直接液化产生的中质油和重质油的混合油,被称为循环溶剂,其主要组成是2~4环的芳烃和氢化芳烃。循环溶剂经过预先加氢,提高了溶剂中氢化芳烃的含量,可以提高溶剂的供氢能力。

四、工艺条件对液化反应的影响

煤液化工艺条件主要包括煤浆浓度、反应压力、反应温度、停留时间、气液比等。下面分别介绍各因素对煤液化反应的影响。

1. 煤浆浓度

从理论上讲,煤浆浓度对液化反应的影响应该是浓度越稀越有利于煤热解自由基碎片的分散和稳定。但为了提高反应器的空间利用率,煤浆浓度应尽可能高。试验研究证明,高浓度煤浆在适当调整反应条件的前提下,也可以达到较高的液化油产率。对高浓度煤浆提高反应压力和气液比后,其油产率比低浓度煤浆还高。分析其原因,主要是煤浆浓度提高后,在液化反应器的液相中溶剂的成分减少,而煤液化产生的重质油和沥青烯类物质含量增加,更有利于它们进一步加氢反应生成可蒸馏油。

在煤液化工艺中,选择煤浆浓度还要考虑煤浆的输运和煤浆预热炉的适应性。

2. 反应压力

反应压力对煤液化反应的影响主要是指氢气分压。大量试验研究证明,煤液化反应速度与氢分压的一次方成正比,所以氢分压越高越有利于煤的液化反应。氢分压等于总压乘以气体中氢气的体积浓度,所以要使氢分压提高,可以提高系统总压或提高氢气在循环气中的浓度。

提高系统总压使整个液化装置的压力等级提高,反应器和其他高压容器以及工艺配管的壁厚就需增加。壁厚与压力几乎成正比,所以提高系统压力对装置投资的增加影响很大。另外,压力的增加使氢气压缩和煤浆加压消耗的能量也增加,因此,选择煤液化装置的压力需综合各方面的因素慎重考虑。

提高循环气中氢气浓度是在系统总压不变的条件下提高反应速度的有限措施,但对煤液化反应也有一定效果。提高循环气中氢气浓度的方法是增加新氢流量,或通过水洗脱除CO_2,再通过油洗脱除烃类气体。但不管采取哪种措施,都要增加能量的消耗。循环气中氢气浓度究竟选择多高,也要权衡利弊综合考虑。

3. 反应温度

反应温度对煤液化反应最敏感,这是因为温度增加后,氢气在溶剂中的溶解度增加,更重要的是,反应速度随温度的增加呈指数增加。所以,提高反应温度是最有效的提高反应速度的方法,但是要强调提高反应温度后存在以下不利影响。

首先,反应温度提高后,反应热随反应速度的增加而成比例增加,使反应器的温度控制非常困难;其次,反应温度提高后,裂化反应加剧,产生的气体量必然增加,最终结果可能使液化油的产率并没有增加。所以,提高反应温度一定要十分慎重。

因此,煤液化反应温度要根据原料煤性质、溶剂质量、反应压力及反应停留时间等因素综合考虑。一般来说,烟煤的反应温度要比更易液化的褐煤的反应温度高5~10℃。

4. 停留时间

所谓反应停留时间是指反应器内液相的实际停留时间。它是一个平均的概念,实际上液相(包括固体颗粒)的某一组分或某一微小个体在反应器内的停留时间呈一分布曲线。可以向反应器进口注入一示踪原子的物质脉冲,在反应器出口管上能检测出它排出的时间分布。

在其他条件不变的前提下,增加反应停留时间,显然对增加反应深度是有利的,尤其对某些惰质组含量较高的煤,增加反应停留时间对提高转化率比较有效。

5. 气液比

气液比通常用气体标准状态下的体积流量(Nm^3/h)与煤浆体积流量(m^3/h)之比来表示,是一个无量纲的参数。因煤浆的密度略大于 $1000kg/m^3$,所以也可以用气体标准状态下的体积流量与煤浆质量流量之比(Nm^3/t)来表示。

实际上,对反应起影响作用的是在反应条件下气体实际体积流量与液相体积流量之比,主要原因是,在反应器内液体(包括溶剂和煤液化产生的液化油)各组分分子在液相和气相中必然达到气液平衡,而与气液平衡有关系的应是反应器内气相与液相的实际体积流量之比。

当气液比提高时,液相的较小分子更多地进入气相中,而气体在反应器内的停留时间远低于液相的停留时间,这样就减少了小分子的液化油继续发生裂化反应的可能性,却增加了液相中大分子的沥青烯和前沥青烯在反应器内的停留时间,从而提高了它们的转化率。另外,气液比的提高会增加液相的返混程度,这时反应也是有利的。这是对反应的正面影响。

但提高气液比也会产生负面影响,即气液比提高会使反应器内气含率(气相所占的反应空间与整个反应器容积之比)增加,使液相所占空间(也可以说是反应器的有效空间)减小,这样就使液相停留时间缩短,反而对反应不利。另外,提高气液比还会增加循环压缩机的负荷,增加能量消耗,这也是负面作用。综合以上分析,煤液化反应的气液比有一个最佳值,大量试验研究结果得出的最佳值在 $700\sim1000Nm^3/t$ 范围内。

总之,煤液化工艺条件各因素对液化反应及液化装置的经济性均有正反两方面的影响,必须通过大量试验和经济性的反复比较来确定合适的工艺条件。

五、煤直接液化工艺

从 1913 年德国的柏吉乌斯(Bergius)获得世界上第一个煤直接液化专利以来,煤炭直接液化工艺一直在不断进步、发展。尤其是 20 世纪 70 年代初石油危机后,煤炭直接液化工艺的开发更引起了各国的极大关注,各国研究开发了许多种煤炭直接液化工艺。煤炭直接液化工艺的目标是根据煤炭直接液化机理,通过一系列设备的组合,创造液化反应的操作条件,使煤液化反应能连续稳定地进行。虽然开发了多种不同种类的煤炭直接液化工艺,但它们就基本化学反应而言非常接近,共同特征都是在高温、高压下使高浓度煤浆中的煤发生热解,在催化剂作用下进行加氢和进一步分解,最终成为稳定的液体分子。

煤直接液化工艺过程首先将煤先磨成粉,再和自身产生的液化重油(循环溶剂)配成煤浆,在高温(450~465℃)和高压(20~30MPa)下直接加氢,将煤转化成液体产品。整个过程可分为如图 7-2 所示的 3 个主要工艺单元。

(1)煤浆制备单元。将煤破碎至 0.2mm 以下与溶剂、催化剂一起制成煤浆。

(2)反应单元。在反应器内高温、高压下进行加氢反应,生成液体物。

(3)分离单元。分离出液化反应生成的气体、水、液化油和固体残渣。

煤直接液化工艺根据原料煤是分一步还是分两步转化为可蒸馏的液体产品,简单地分为单段液化工艺和两段液化工艺两种。

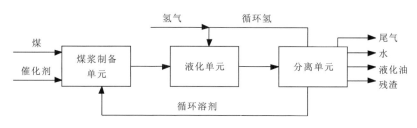

图 7-2 煤直接液化工艺流程简图
（据舒歌平，2003）

(1)单段液化工艺。通过一个主反应器或几个串联的反应器生产液体产品。这种工艺也可以包含一个在线加氢反应器，并没有提高煤的总转化率。

(2)两段液化工艺。通过两个不同功能的反应器或两套反应装置生产液体产品。第一段的主要功能是煤的热解，在此段中不加催化剂或加入低活性可弃性催化剂。第一段的反应产物于第二段反应器中在高活性催化剂存在下加氢再生产出液体产品。

两段液化工艺不仅可以显著降低煤炭液化反应过程中可逆反应产物的数量，而且对液化用煤的适应性、液化产品的选择性及液化油质量的提高等方面具有明显的优点，已得到许多国家研究者的重视。

德国是最早研究和开发煤炭直接液化工艺的国家，其最初的工艺称为 IG 工艺，随后不断改进，开发出更为先进的 IGOR 工艺。其后，美国也在煤炭直接液化工艺的开发上做了大量的工作，开发了溶剂精制煤炭(SRC-Ⅰ、SRC-Ⅱ)工艺、供氢溶剂(EDS)工艺、氢煤(H-Coal)工艺、催化两段液化及煤油共炼工艺等。此外，日本的 NEDOL 工艺也有相当出色的液化性能。我国神华煤直接液化工艺也是在已有工艺的基础上开发的具有自身特色的液化工艺。

(一)德国 IG、IGOR 液化工艺

IG 法煤直接液化是最早投入商业生产的工艺。1927 年德国建成了第一座 IG 工艺煤直接液化工厂。其工艺可分为两段加氢：第一段加氢是在高压氢气下，煤加氢生成液体油，又称煤液相加氢；第二段加氢是以第一段的产物为原料，进行催化气相加氢制得成品油，又称中油气相加氢，所以 IG 法也称为两段加氢法(姚强，2005)。IG 工艺系统比较复杂，而且操作条件，尤其是反应压力很高。20 世纪 80 年代，德国在 IG 法的基础上开发了更为先进的煤加氢液化和加氢精制一体化联合工艺 IGOR，其最大的特点是原料煤经该工艺液化后，可直接得到加氢裂解及催化重整工艺处理的合格原料油，从而改变了两段加氢的传统 IG 模式，简化了工艺流程，节省了大量的工艺设备及能量消耗。

IGOR 工艺主要包括煤浆制备、液化反应、两段催化加氢、液化产物分离常压蒸馏和减压蒸馏等流程(图 7-3)。该工艺具有以下特点(姚强，2005)：①煤炭液化反应和液化油的提质加工在同一高压反应系统内进行，既缩短和简化了液化的工艺过程，也可得到质量优良的精制燃料油；②煤炭液化反应器的空速比其他液化工艺高，在同容积反应器条件下可提高生产能力；③制备煤浆用的循环溶剂为本工艺生产的加氢循环油，因而溶剂具有较高的供氢能力，有利于提高煤炭液化率及液化油产率。

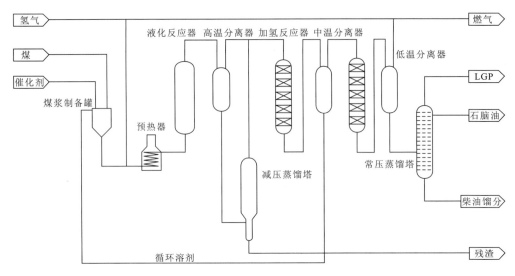

图 7-3 德国 IGOR 液化工艺流程图

(据刘鹏飞,2004)

(二)美国 SRC、H-Coal 及 EDS 液化工艺

1. 溶剂精制煤 SRC 工艺

SRC 煤液化工艺属于单段液化工艺,反应过程不加催化剂,反应条件比较温和,依生产目的不同分为 SRC-Ⅰ和 SRC-Ⅱ工艺(舒歌平,2003)。SRC-Ⅰ工艺(图 7-4)是以生产低灰低硫的溶剂精煤固体燃料为主;SRC-Ⅱ工艺是在Ⅰ代工艺的基础上改进而成的,以生产全馏分低硫液体燃料油为主。

SRC-Ⅱ工艺(图 7-5)在 3 个方面与 SRC-Ⅰ工艺不同:第一,溶解反应器操作条件要苛刻,典型条件是 460℃、14MPa、60min 停留时间,轻质产品的产率高;第二,在蒸馏或固液分离前,部分反应产物循环至煤浆制备单元,这样,循环溶剂含有未反应的固体和不可蒸馏的 SRC;第三,固体通过减压蒸馏与液化油分离,从减压塔排出的减压蒸馏残渣作为制氢原料,塔顶馏出物为产品液化油。

SRC-Ⅱ工艺的流程:煤破碎干燥后与循环物料混合制成煤浆,用高压煤浆泵加压至 14MPa 左右的反应压力,与循环氢和补充氢混合后一起预热到 370～400℃,进入反应器。在反应器内由于反应放热,使反应产物温度升高,通过注入冷氢的方法将反应温度控制在 440～460℃。反应产物经过高温分离器分成气相和液相两部分。气相进行系列换热冷却,再在低温分离器内分离出冷凝液(即液化油),液化油进入蒸馏单元。气体再经净化、压缩循环使用,与补充氢混合进入反应系统。出高温分离器的含固体的液相产物,一部分返回作为循环溶剂用于煤浆制备,剩余部分进入蒸馏单元回收液化油。馏出物的一部分也可返回作为循环溶剂用于煤浆制备。蒸馏单元减压塔底残渣含有未转化的固体煤和灰,可进入制氢单元作为制氢原料使用。

SRC-Ⅱ工艺的特点:将高温分离器底部的部分含灰重质油作为循环溶剂使用,以煤中矿

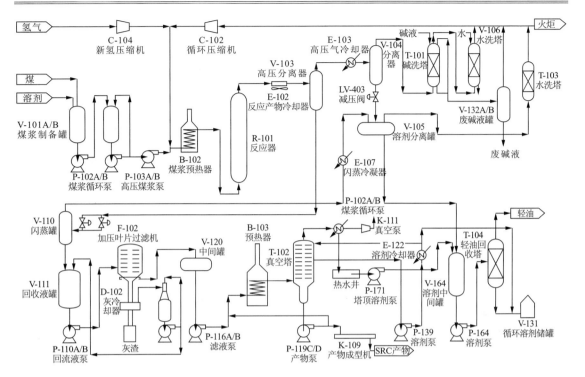

图 7-4 SRC-Ⅰ工艺流程图

(据刘鹏飞,2004)

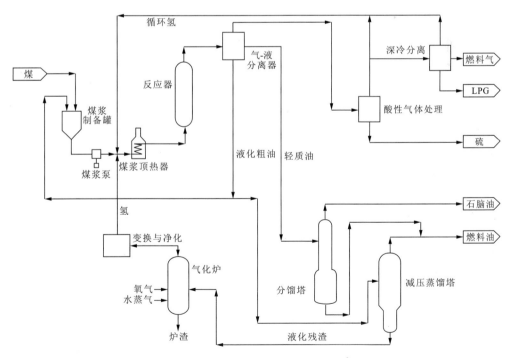

图 7-5 SRC-Ⅱ直接液化工艺流程图

(据舒歌平,2003)

物质为催化剂。存在的问题是:由于含灰重质油的循环,反应器中矿物质会发生积聚,使反应器中固体的浓度增加;以煤中矿物质作为催化剂,使得该工艺在煤种的选择上受到限制,工艺操作上也存在一定的困难。

2. 氢煤法 H‑Coal 工艺

H‑Coal 工艺(图 7‑6)为美国 HRI 公司于 1963 年开发的单段沸腾床煤炭加氢液化工艺,主要由煤浆制备、煤液化反应、液化产物分离和液化油的精馏工艺组成。该工艺的主要特点可归纳为:①操作灵活性大,对原煤的适应性和对液化产物品种的可调性好;②流化床内的传热传质效果好,煤转化率高;③将煤的催化液化反应、循环溶剂加氢反应和液化产物精制过程综合在一个反应器内进行,有效地缩短了工艺流程。

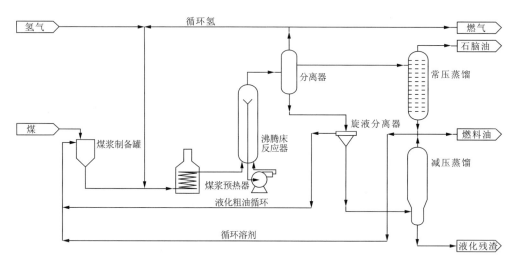

图 7‑6　H‑Coal 液化工艺流程图
(据舒歌平,2003)

3. 埃克森供氢溶剂 EDS 工艺

EDS 工艺(图 7‑7)是美国埃克森研究与工程公司于 1966 年开发使用供氢溶剂的煤液化工艺,该工艺的开发受到了美国能源部、美国电力研究所与日本煤炭液化发展公司的共同资助。

EDS 工艺主要由煤浆制备、液化反应、液化产物分离、溶剂催化加氢和残渣制氢工艺过程所组成,其工艺特点有:①加氢液化和循环溶剂加氢工艺条件可分别在两个反应器内控制,避免了催化剂与煤中矿物质或塔底重油馏分的直接接触,延长了催化剂的使用寿命;②循环溶剂催化加氢工艺是 EDS 工艺的主要特点,可提高煤炭的液化油产率;③通过灵活焦化装置处理残渣,可提高液化馏分油的产率。

(三)日本 NEDOL 液化工艺

20 世纪 80 年代初,日本新能源产业技术综合开发机构(NEDO)开发了 NEDOL 烟煤液化新工艺,该工艺为一段煤液化反应过程,吸收了美国 EDS 工艺与德国的工艺技术,工艺流程主要包括煤浆制备、液化反应、液化产物分离和循环溶剂加氢工艺。

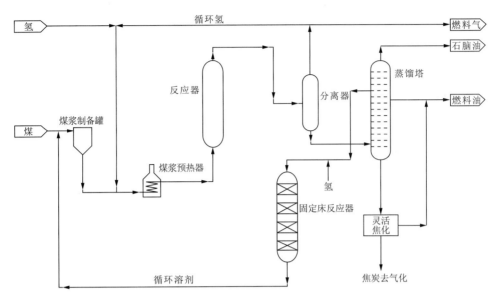

图 7-7　EDS 液化工艺流程图
(据舒歌平,2003)

该工艺的特点是将制备煤浆用的循环溶剂进行预加氢处理,以提高溶剂的供氢能力,同时可使煤炭液化反应在较缓和的条件下进行,所产液化油的质量高于美国 EDS 工艺,操作压力低于德国的液化工艺,但 NEDOL 液化工艺流程较为复杂(图 7-8)。

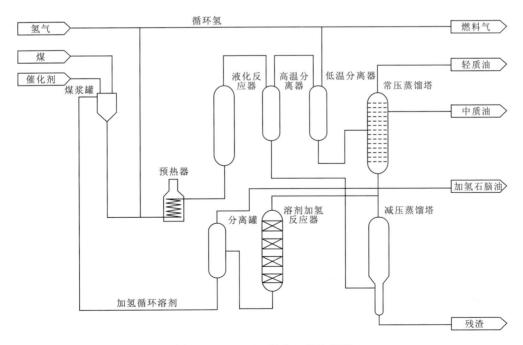

图 7-8　NEDOL 液化工艺流程图
(据舒歌平,2003)

第三节　煤的间接液化

一、基本原理

煤炭间接液化工艺主要由三大步骤组成:气化、合成、精炼。

1. 气化

煤的气化是煤在高温(900℃以上)条件下与氧气和水蒸气发生一系列反应,生产 CO、CO_2、H_2、CH_4 等气体的工艺过程。从气化炉生产出的粗煤气含有一系列的杂质,需经过一系列净化步骤除去杂质后得到 CO 与 H_2(有时含少量 CH_4)的合成气,为了得到合成气中最佳的 CO 与 H_2 比例,需要通过 CO 变换反应来调节。对于间接液化,合成气中 CO 与 H_2 的最佳比值为 1:2。

2. 合成

1923 年德国人 Fischer 和 Tropsch 利用催化剂在一定反应条件下将 CO 和 H_2 生成烃类化合物的混合液体,此后人们把合成气在铁或钴催化剂作用下合成烃类或醇类液体的方法称为费-托(F－T)合成法。

3. 精炼

由费-托合成获得的液体产品分子量分布很宽,沸点分布也很宽,并且含有较多的烯烃,必须对其精炼才能得到合格的汽油、柴油产品。精炼过程采用炼油工业中常见的蒸馏、加氢、重整等工艺。

总结间接液化的三大步骤,可用表 7-5 说明(舒歌平,2003)。

表 7-5　间接液化的三大步骤

序号	步骤	条件	功能
1	气化	高温、常压或加压、氧气和水蒸汽作气化剂	将煤转化成合成气:$CO+H_2$
2	合成	催化剂、温度 250～350℃、压力 2～4MPa	将合成气合成为液化油
3	精炼	蒸馏、加氢、重整	调整油品的分子结构

二、费-托合成

(一)化学反应

由于费-托合成反应产物的复杂性,适当控制反应条件和 H_2/CO 比,在高选择性催化剂

作用下,基本反应方程式主要有:

生成烷烃　$nCO+(2n+1)H_2 \Longleftrightarrow C_nH_{2n+2}+nH_2O$
生成烯烃　$nCO+2nH_2 \Longleftrightarrow C_nH_{2n}+nH_2O$
变换反应　$CO+H_2O \Longleftrightarrow H_2+CO_2$

此外,还有生成甲烷、甲醇、乙醇以及高碳有机化合物的副反应。

(二)催化剂

工业上用于F-T合成的催化剂主要有铁系和钴系催化剂,对硫化物敏感,易发生催化剂中毒,一般合成气净化要求总硫低于$1\mu g/g$。

铁系催化剂价格便宜,用后不能再生,又分为熔铁催化剂和沉淀铁催化剂。熔铁催化剂用于Synthol反应器,操作温度在350℃左右,操作压力为2.5MPa;沉淀铁催化剂用于管式固定床反应器(Arge),操作温度为220～250℃,操作压力为2.5～2.7MPa。

钴系催化剂寿命较长并可再生,用于固定床反应器,操作温度在340℃左右,压力为3～5MPa,主要生产煤炭油和柴油。另外一种是分子筛催化剂,主要用于F-T合成油品加氢提质,改善产品分布等方面。

(三)反应器

合成反应器是间接液化的核心设备,南非SASOL公司合成油厂早期使用固定床(Arge)和循环流化床(Synthol)反应器,20世纪90年代又开发出了浆态床反应器和固定流化床反应器。我国也开发了浆态床反应器和固定床反应器(图7-9至图7-11,表7-6)。

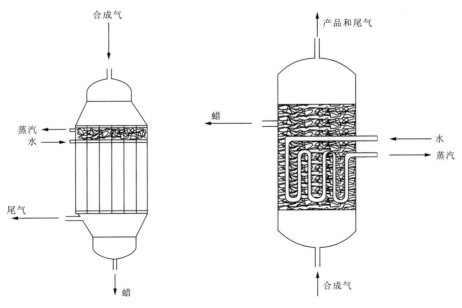

图7-9　F-T合成固定床　　　图7-10　浆态床反应器示意图
　　　反应器示意图　　　　　　　　　(据舒歌平,2003)
　　　　(据舒歌平,2003)

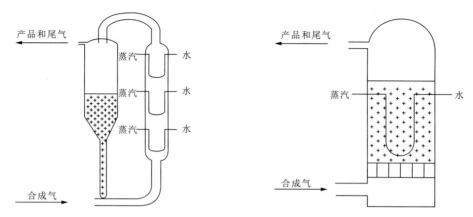

图 7-11 循环流化床和固定流化床反应器示意图

(据刘鹏飞,2004)

表 7-6 固定床、流化床和浆态床反应器的特征(据舒歌平,2003)

特征	固定床	循环流化床	固定流化床	浆态床
热转换速率或散热	慢	中到高	高	高
系统内的热传导	差	好	好	好
反应器直径限制	大约8cm	无	无	无
高气速下的压力降	小	中	高	中到高
气相停留时间分布	窄	窄	宽	窄到中
气相的轴向混合	小	小	大	小到中
催化剂的轴向混合	无	小	大	小到中
催化剂浓度(%)	0.55~0.7	0.01~0.1	0.3~0.6	最大 0.6
固相的粒度(mm)	1.5	0.01~0.5	0.003~1	0.1~1
催化剂的再生或更换	间接合成	连续合成	连续合成	连续合成
催化剂损失	无	2%~4%	由于磨损不可回收	小

三、典型间接液化工艺

煤炭间接液化工艺包括煤炭的气化、净化制合成气与油品合成、精制两大部分,投资重头在气化和净化部分,约占总投资的 70% 左右。南非 SASOL 厂是目前 F-T 合成煤间接液化工艺系统商业运行比较成功的厂,该厂以当地烟煤气化制成合成气为原料,生产汽油、柴油和蜡类等产品(舒歌平,2003;刘鹏飞,2004)。

1956 年建成 SASOL-I 厂之后,SASOL 于 20 世纪 80 年代初又兴建了 SASOL-II 厂和 SASOL-III 厂,年处理煤量达 3000 万吨,其中,SASOL-I 厂采用固定床和流化床两类反应器,年产液体燃料 25 万吨;SASOL-II 厂和 SASOL-III 厂均采用气流床反应器,其生产能力相当于 SASOL-I 厂的 8 倍(图 7-12、图 7-13)。

此外,还有美国 Mobil 公司开发的 MTG 工艺,荷兰 Shell 公司开发的 SMDS 工艺以及我国山西煤炭化学研究所开发的 SMFT 工艺等工业化间接液化技术。

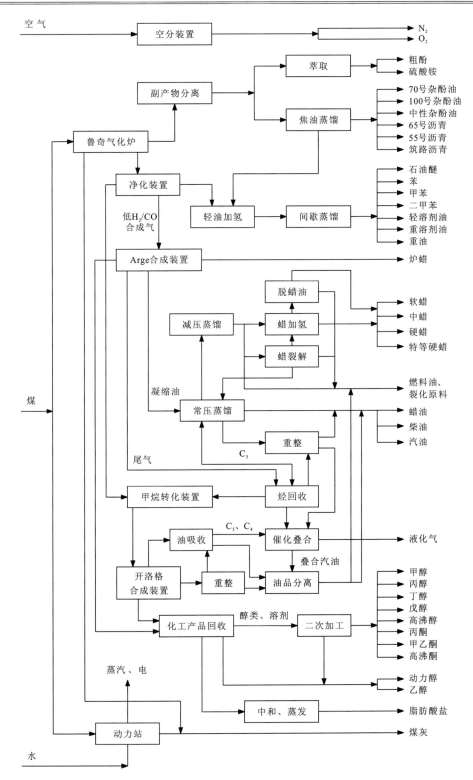

图 7-12 SASOL-Ⅰ厂生产装置及主要产品
(据舒歌平,2003)

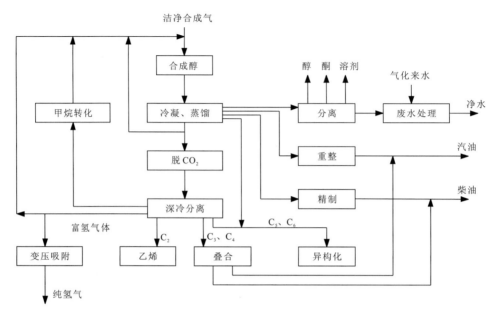

图 7-13　SASOL-Ⅱ厂生产加工流程图
（据舒歌平，2003）

主要参考文献

岑可法,姚强,曹欣玉,等.煤浆燃烧、流动、传热和气化的理论与应用技术[M].杭州:浙江大学出版社,1997.
陈家仁.煤炭气化的理论与实践[M].北京:煤炭工业出版社,2007.
陈文敏,李文华,徐振刚.洁净煤技术基础[M].北京:煤炭工业出版社,1997.
陈文敏,张自邵,陈怀珍等.动力配煤[M].北京:煤炭工业出版社,1999.
高晋生,张德祥.煤液化技术[M].北京:化学工业出版社,2005.
郝临山,彭建喜.水煤浆制备与应用技术[M].北京:煤炭工业出版社,2003.
惠世恩,庄正宇,周屈兰,等.煤的清洁利用与污染防治[M].北京:中国电力出版社,2008.
李芳芹,等.煤的燃烧和气化手册[M].北京:化学工业出版社,1997.
刘鹏飞.最新洁净煤生产加工技术标准与质量监督检验实用手册[M].合肥:安徽文化音像出版社,2004.
吕一波,何京东,陈俊涛.动力煤燃前加工[M].哈尔滨:哈尔滨工程大学出版社,2007.
欧泽深,张文军.重介质选煤技术[M].徐州:中国矿业大学出版社,2006.
舒歌平.煤炭液化技术[M].北京:煤炭工业出版社,2003.
王同章.煤炭气化原理与设备[M].北京:机械工业出版社,2001.
王敦曾.选煤新技术的研究与应用[M].北京:煤炭工业出版社,2005.
魏贤勇,宋志敏,秦志宏,等.煤液化化学[M].北京:科学出版社,2002.
吴式瑜,岳胜云.选煤基本知识[M].北京:煤炭工业出版社,2003.
吴永亮.选煤工艺——浮选[M].北京:煤炭工业出版社,2007.
吴占松,马润田,赵满成,等.煤炭清洁有效利用技术[M].北京:化学工业出版社,2007.
许世森,张东亮,任永强.大规模煤气化技术[M].北京:化学工业出版社,2006.
徐振刚,刘随芹.型煤技术[M].北京:煤炭工业出版社,2001.
阎维平.洁净煤发电技术[M].2版.北京:中国电力出版社,2008.
姚强,陈超.洁净煤技术[M].北京:化学工业出版社,2005.
俞珠峰.洁净煤技术发展及应用[M].北京:化学工业出版社,2004.
张鸣林.中国煤的洁净利用[M].北京:化学工业出版社,2007.
张振勇,李文华,徐振刚,等.煤的配合加工与利用[M].徐州:中国矿业大学出版社,2002.
赵跃民.煤炭资源综合利用手册[M].北京:科学出版社,2004.
郑楚光.洁净煤技术[M].武汉:华中理工大学出版社,1996.
中国煤炭教育协会职业教育教材编审委员会.选煤工艺——重选[M].北京:煤炭工业出版社,2007.
周曦.洗选煤技术实用手册[M].北京:民族出版社,2003.